WERKSTATTBÜCHER

FÜR BETRIEBSBEAMTE, KONSTRUKTEURE UND FACHARBEITER
HERAUSGEGEBEN VON DR.-ING. H. HAAKE, HAMBURG

Jedes Heft 50—70 Seiten stark, mit zahlreichen Textabbildungen

---

Die Werkstattbücher behandeln das Gesamtgebiet der Werkstatt-
technik in kurzen selbständigen Einzeldarstellungen; anerkannte Fachleute
und tüchtige Praktiker bieten hier das Beste aus ihrem Arbeitsfeld, um ihre
Fachgenossen schnell und gründlich in die Betriebspraxis einzuführen.
Die Werkstattbücher stehen wissenschaftlich und betriebstechnisch auf der
Höhe, sind dabei aber im besten Sinne gemeinverständlich, so daß alle im
Betrieb und auch im Büro Tätigen, vom vorwärtsstrebenden Facharbeiter bis
zum leitenden Ingenieur, Nutzen aus ihnen ziehen können.
Indem die Sammlung so den Einzelnen zu fördern sucht, wird sie dem Betrieb
als Ganzem nutzen und damit auch der deutschen technischen Arbeit im
Wettbewerb der Völker.

Einteilung der bisher erschienenen Hefte nach Fachgebieten

(Fortsetzung 3. Umschlagseite)

WERKSTATTBÜCHER

FÜR BETRIEBSBEAMTE, KONSTRUKTEURE UND FACH-
ARBEITER. HERAUSGEBER DR.-ING. H. HAAKE, HAMBURG

HEFT 14

Der Holzmodellbau

Von

Richard Löwer
Modellbaumeister

Erster Teil

Allgemeines. Einfachere Modelle

Dritte, verbesserte Auflage
(13. bis 18. Tausend)

Mit 141 Abbildungen im Text

Springer-Verlag Berlin Heidelberg GmbH
1950

Inhaltsverzeichnis.

ISBN 978-3-540-01511-6   ISBN 978-3-642-86138-3 (eBook)
DOI 10.1007/978-3-642-86138-3

Einleitung.

Auch seit dem Erscheinen der zweiten Auflage des vorliegenden Heftes[1] sind im Laufe der Jahre wieder viele wertvolle Arbeiten veröffentlicht worden. Trotzdem dürfte eine Neubearbeitung dieses Heftes nicht unnötig sein, denn es will ja in erster Linie dem Nichtfachmann, dem Konstrukteur, dem Betriebsmann und dem Lernenden die Möglichkeit geben, sich von Grund auf in den Modellbau einzuarbeiten. Der Stoff ist zugleich jedoch in zwei Heften so eingehend und sachlich dargestellt, daß sich das Studium auch für den angehenden Modellbauer lohnt.

Vorausgesetzt wird nur Erfahrung im Umgang mit den üblichen Werkzeugen und die Fähigkeit, technische Zeichnungen richtig zu lesen.

Der I. Teil bringt allgemeines über den Holzmodellbau und Beispiele über die Herstellung einfacher Modelle, der II. Teil gibt weitere Beispiele über Herstellung von Modellen, besonders mit schwierigen Kernen, und behandelt an zahlreichen Beispielen die Schablonenarbeit.

I. Allgemeines.

A. Die Wirtschaftlichkeit der Modellbauwerkstatt.

1. Die Stellung der Modellwerkstatt im Maschinenbau. Der Modellbau steht zwischen Entwurf (technisches Büro) und Fertigung (Werkstatt); das ist grundlegend für das Zusammenarbeiten mit diesen Stellen.

Die wenigsten Konstrukteure waren längere Zeit in der Modellwerkstatt tätig, meist nur 4···6 Wochen. Der Nachteil einer so kurzen praktischen Tätigkeit in einer der wichtigsten Abteilungen des Maschinenbaues macht sich später oft fühlbar.

Selbstredend ist es dem Modellbauer möglich, mit Hilfe von Kernen Modelle nach jeder Zeichnung anzufertigen. Der Konstrukteur soll aber auch die Modellgestehungskosten möglichst niedrig halten, Kerne jedoch steigern sie.

Das richtige Zusammenarbeiten von Modellwerkstatt und Konstruktionsbüro, das bei kleinen Betrieben, wo der Konstrukteur leicht einmal in die Werkstatt kommt, einfach ist, macht in großen Betrieben erhebliche Schwierigkeiten. Jedenfalls sollten die Modellwerkstätten (Modelltischlerei und Modellschlosserei), entsprechend ihrer Bedeutung für das Konstruktionsbüro, in neuzeitlichen Betrieben in der Nähe der technischen Büros untergebracht sein, um unnötige Laufereien beim Verkehr zu vermeiden.

Eine kleine Modellwerkstatt gliedert man am besten dem technischen Büro an, d. h. man unterstellt die Modellwerkstatt dem Vorsteher des technischen Büros. In einem Großbetrieb, in dem die technischen Büros mehrere Abteilungsvorsteher haben, jede einzelne Abteilung wieder einen eigenen Modellbestand hat und unabhängig von anderen Abteilungen ihre Modelle anfertigen läßt, in einem solchen Betriebe erscheint es schon angebracht, die Modellwerkstatt einem fachkundigen Gießereiingenieur zu unterstellen. Gerade in Großbetrieben muß darauf Wert gelegt werden, daß eine maßgebende Stelle da ist, die in Modellfragen selbständig entscheiden kann und die Verbindungen mit den Gießereien aufrecht erhält.

---

[1] Die erste Auflage erschien 1924, die zweite 1936.

Nicht immer ist z. B. eine Modelländerung vorteilhaft und das Wort „neu“ sollte nicht so abschreckend wirken, denn oftmals werden größere Umänderungen teurer als ein neues Modell. Auch die Frage der Bearbeitungszugabe sollte in jedem Falle von dieser Stelle aus entschieden werden. Eine andere Aufgabe für den in Frage kommenden Ingenieur wäre, dafür Sorge zu tragen, daß das immer „eilig“ in der Modellwerkstatt möglichst eingeschränkt wird und daß der Modellkontrolleur die Modellkontrolle auch so vornehmen kann, wie es vom fachmännischen Standpunkte aus richtig ist. Will man einwandfreie Abgüsse haben, dann darf man auch keine Modellkosten scheuen, insbesondere dann nicht, wenn es sich um Massenabgüsse handelt. Die Modellwerkstatt muß Gelegenheit haben, Probeformen und Kerne herzustellen, um die Richtigkeit der Kerne und der Wandstärken überprüfen zu können, wie auch bei Massenabgüssen erst Probeabgüsse auf der Reißplatte auf ihre Richtigkeit hin zu prüfen sind. Nur dann ist bei Serienherstellung ein reibungsloses Arbeiten gewährleistet.

2. Der Modellbauer als Facharbeiter. Der Modellbauer soll die Maschinenteile (Gußteile) modellieren, die der Konstrukteur auf das Papier bringt. In den wenigsten Fällen werden Zeichnungen besonders für die Modellwerkstatt angefertigt, und der Modellbauer muß oftmals schwer genug aus dem Durcheinander der Linien das herausarbeiten, was er braucht. Das setzt gute technische Kenntnisse voraus. Oft stößt er auf Schwierigkeiten, die zeigen, daß der Techniker, der die Zeichnung angefertigt hat, für den Modellbau und die Formerei nur wenig Verständnis hat. Derartige Unkenntnis beim Techniker verteuert selbstredend die Modelle, sei es, daß Änderungen oder besondere Kernkästen oder dgl. erforderlich werden.

Der Modellbauer muß seine Arbeiten so herstellen, daß beim Abformen des Modells keine Schwierigkeiten entstehen, er muß an den auf der Zeichnung angegebenen Stellen die nötige Bearbeitung zugeben, ferner muß er ein gewisses Formgefühl besitzen, um dem Modell durch Abrunden von Ecken oder Einziehen von Hohlkehlen usw. eine angenehme Form geben zu können. Denn nicht immer lassen sich alle Abrundungen, Hohlkehlen usw. auf der Zeichnung angeben, da oft in kleinem Maßstabe gezeichnet werden muß und bei der Ausführung des Modells nachher ein ganz anderes Bild entsteht.

Es steht dem Modellbauer in den meisten Fällen frei, welche Holzstärken er verarbeiten und welche Hilfsmittel, wie Modelldübel, Schwalbenschwanzführungen u. dgl. er verwenden will, nur muß er ein einwandfreies, formgerechtes Modell bauen, das seinen Zweck erfüllt, und dabei doch an Material sparen. Neben dem Holzmodellbau muß er aber auch den Metallmodellbau beherrschen (denn nicht überall sind gelernte Modellschlosser zur Hand) und die in Frage kommenden Metallbearbeitungsmaschinen bedienen können. Weiter muß er in der Lage sein, einwandfreie Formplatten zu montieren, Gipsformplatten, Gipskerne und Gipskernkästen herzustellen. Es werden also vom wirtschaftlichen Standpunkte aus an den Modellbauer weit größere Anforderungen gestellt als an jeden anderen Handwerker im Maschinenbau, und daher hat er Anspruch auf eine Entlohnung, die hinter der der bestbezahlten Industriearbeiter nicht zurücksteht. Die dadurch entstehenden Kosten sind aber nur tragbar, wenn andererseits in der Modellwerkstatt gut gewirtschaftet wird.

3. Das Modell-Bestellwesen. Auch die Modellbestellungen sind von einer Stelle aus zu regeln, ganz gleich ob die Modelle in eigner Werkstatt hergestellt oder in einer Modellfabrik bestellt werden. Das Modell-Bestellwesen in der eignen Modellwerkstatt soll etwa wie folgt vor sich gehen. Bei Anfertigung bzw. Umänderungen an Modellen ist stets eine Modellkarte auszustellen, etwa nach Form 1. In diese

Karte sind Klasse, Modellnummer, Gegenstand, Maschine, Werkstofff, Auftragsnummer, Besteller, Liefertermin und Zeichnungsnummer durch das technische Büro einzutragen, ferner muß angegeben werden, ob und nach welcher Güteklasse das Modell angefertigt werden soll, oder welches Modell (Angabe der Modellnummer!) für die Umänderung in Frage kommt. Ist die Umänderung nur vorübergehend, so behält das betreffende Modell seine ursprüngliche Nummer, aber mit dem Zusatz a, b, c, usw. Diese Modellnummer soll stets über das Betriebsbüro in der Modellwerkstatt bzw. bei der Modellverwaltung angefordert werden. Handelt es sich jedoch um eine größere Änderung, so empfiehlt es sich, vorher mit dem Meister Rücksprache zu nehmen, ob diese Änderung angebracht ist, oder ob es besser ist, ein neues Modell herzustellen. Die Modellkarte soll eine Skizze mit den Hauptmaßen enthalten und vom Vorsteher des betreffenden technischen Büros gegengezeichnet sein. Die Modellkarte ist möglichst genau auszufüllen, und zwar mit Vervielfältigungstinte. Sie geht vom technischen Büro zum Betriebsbüro und

Die Wirtschaftlichkeit der Modelltischlerei.

<table>
<tr><td>Klasse</td><td>Modell-Nr.</td><td>auswärts</td><td colspan="3"></td><td>Modell lagert</td><td>Karte Nr.</td><td>Modell aus</td></tr>
<tr><td colspan="3">Gegenstand:</td><td colspan="3"></td><td>Modell-Wert</td><td>Anz. d. Kernk.</td><td>Abguß aus</td></tr>
<tr><td colspan="3">gehört zu:</td><td>Auftrag Nr.</td><td>Besteller</td><td>Liefertermin</td><td>Zeichnung Nr.</td><td colspan="2">Änderungsmaße unterstreichen</td></tr>
<tr><td colspan="3">Modell ist:
neu anzufertigen
zu ändern von Nr. ....</td><td></td><td></td><td></td><td></td><td colspan="2">Skizze:</td></tr>
<tr><td colspan="3">ausgeschrieben durch

am ..../.......... 193......

Betriebsbüro erhalten .... 193...

Modelltischlerei erhalten
am ..../.......... 193.....

Modell fertig
am ..../.......... 193....</td><td colspan="4">Für jede Modelländerung ist eine Karte auszuschreiben, auch für Bohrungsänderungen.
Wird ein Modell vorübergehend geändert, so erhält es ein anhängendes a, b, c usw. Der betreffende Buchstabe ist vom techn. Büro im Betriebsbüro anzufordern.
Ist die Änderung dagegen eine dauernde, so erhält das Modell eine neue Nr.
In besonderen Fällen, wo die Änderung bei nachzuliefernden Abgüssen ohne Bedeutung ist, kann die Mod.-Nr. beibehalten werden.
Bei größeren Änderungen ist vorher anzufragen, ob die beabsichtigte Änderung an dem vorhandenen Modell vorgenommen werden kann, oder ob die Anfertigung eines neuen Modells notwendig wird, das in diesem Fall eine neue Nr. erhalten würde.</td><td colspan="2">Büro-Vorstand:</td></tr>
</table>

Form. 1. Vorderseite der Modellkarte.

wird dort dem Betriebsleiter zur Gegenzeichnung vorgelegt. Dieser Gang der Karte ist genau einzuhalten, damit alle in Frage kommenden leitenden Personen genau unterrichtet sind und gegebenenfalls unnötige Modellkosten erspart werden. Diese Modellkarte muß vorhanden sein: einmal in Papierstärke ohne Druck auf der Rückseite (diese Kartensorte wird ausschließlich vom technischen Büro zum Ausschreiben der Modellbestellung·verwendet), ferner in schwacher Kartonstärke mit bedruckter Rückseite nach Form 2, schließlich ein drittes Mal, mit Druck auf der Rückseite nach Form 3.

Im Betriebsbüro wird die in Papierstärke mit Vervielfältigungstinte ausgefüllte Karte abgezogen, und zwar: einmal auf Karte nach Form 2 und zweimal auf Karte nach Form 3.

Ist die Karte abgezogen, so geht die dünne Originalkarte wieder zum technischen Büro zurück, wo sie von der technischen Abteilung eingeordnet wird. Von der Karte nach Form 2 wird ein Abzug für die Modellwerkstatt, von der Karte nach Form 3 werden zwei Abzüge, einer für die Modellwerkstatt und einer für die Gußverwaltung angefertigt. Die Karte nach Form 2 dient dem Meister als Bestellkarte und zur gleichen Zeit als Lohn- bzw. Akkordkarte für den betreffenden Modellbauer. Die Karte nach Form 2 dient dem Meister lediglich für die

Auftrags-Nr.	Besteller	Liefertermin	gehört zu:		Arbeitsschein-Nr.
Gegenstand				Werkstoff	
....			Modell-Nr.	Löhne	
				Unkosten	
....			Zeichnungs-Nr.	Summa	
1.					
2.					
3.					

Nr. u. Art der Bearbeitung	Akkord-Pr.	Name des Arbeiters	Arb. Nr.	Stund.	angef.	beend.	geprüft	Zahltg.	Ausgez.Betr.

Stück	Werkstoff	m³ od. kg	Einheits-	Ges.-Preis	Stück	Werkstoff	m³ od. kg	Einheits-	Ges.-Preis
Werkstoffschein-Nr.					Ausgefertigt am	in Werkstatt am	aus Werkstatt am		

Form. 2. Modell-Akkordschein.

Modellkartei. Wir ersehen auf Karte nach Form 2, daß dem Meister alles vorgeschrieben ist, was er auszufüllen hat, bevor er die Karte als Lohn- bzw. Akkordkarte in die Werkstatt gibt. Die Vorderseite ist im Druck genau wie die Karte nach

Ausgang	Gießerei	Eingang	Ausgang	Gießerei	Eingang	Werkstoff	Lohn bzw. Akkord-Pr.	Stunden	Nr.	Name des Arbeiters

Form. 3. Modell-Karteikarte.

Form 1 und vom Techniker ja bereits ausgefüllt, der Meister hat also lediglich zu übertragen, und das geschieht auf folgende Art:

Der Modellbaumeister ist im Besitz von Durchschreibebüchern, die durchlaufend so numeriert sind, daß stets zwei Blätter hintereinander die gleiche Nummer tragen. Nun wird zwischen das erste und zweite Blatt sowie zwischen das zweite Blatt und die eingeschobene Modellkarte (Form 1) mit Rückseite nach Form 2

Durchschreibpapier eingelegt. An Hand seiner Modellkarteikarte (mit Druck auf Rückseite nach Form 3), die ja auf der Vorderseite alle nötigen Angaben enthält, schreibt der Meister nun seinen Lohn- bzw. Akkordschein aus. Der erste Schein bleibt fest im Durchschreibebuch als Original, der zweite Schein geht sofort nach Inangriffnahme der Arbeit in das Lohnbüro, der dritte Schein, also die Modellkarte, bleibt in der Werkstatt und wird dem betreffenden Arbeiter ausgehändigt. Es ist also unmöglich, auf diesem Schein nachträglich noch etwas zu ändern, da ja stets ein Doppel im Lohnbüro ist. Das Lohnbüro benutzt seinen Durchschlag dazu, die Abschlagszahlung und Stundenzahl auf diesem Schein zu vermerken, um später nach Fertigstellung abrechnen zu können. Die in der Werkstatt verbliebene Karte geht nach Fertigstellung des Akkordes bzw. des Arbeitsstückes über das Lohnbüro nach der Kalkulation. Das Kalkulationsbüro rechnet nun auf diesem Schein, an Hand des Werkstoffscheines und des Durchschlages vom Lohnbüro die gesamten Modellkosten aus. Die Nummer des oder der Werkstoffscheine muß vor dem Abliefern der Akkordkarte auf diese übertragen werden, z. B.: hierzu Werkstoffscheine Nr. 12 255, 12 322 (mit Datum, wann die Werkstoffscheine ausgehändigt worden sind).

Ist die Arbeit fertiggestellt und sind die Scheine ordnungsgemäß abgeliefert, so nimmt der Modellbaumeister seine zweite Modellkarte mit Druck auf Rückseite nach Form 3 und füllt den Namen des Arbeiters, die Kontrollnummer, die auf die Arbeit verbuchte Stundenzahl und den ausgezahlten Lohn- bzw. Akkordpreis ein. In die Spalte Werkstoff werden alle zum Modell verbrauchten Stoffe eingetragen und dann die Modellkarte in die Modellkartei eingeordnet. Es darf kein Akkordschein im Lohnbüro zur Auszahlung verrechnet werden, wenn der abgelieferte Akkordschein nicht den Namenszug des Meisters oder — in größeren Werken — des Modellprüfers trägt, das Stück Arbeit muß also erst auf seine Richtigkeit hin geprüft sein, bevor der Akkord ausgezahlt wird.

Sobald nun das Modell zur Gießerei kommt, trägt der Meister oder Modellverwalter den Tag des Ausganges sowie den Namen der Gießerei (wenn keine eigene vorhanden ist) in die vorgeschriebene Spalte ein, kommt das Modell aus der Gießerei zurück, wird der Eingang gebucht. Es läßt sich also immer feststellen, ob ein Modell im Modellboden lagert oder aber ob es sich in der Gießerei befindet.

Auf der Vorderseite der Modellkarte ist ferner noch in die zuständigen Spalten einzutragen: der Tag der Fertigstellung des Modells, die Kartennummer, ob Modell aus Holz oder Metall, der gesamte feuerversicherungspflichtige Modellwert (also Löhne, Unkosten und Werkstoffe zusammen), Anzahl der Kernkästen und Schablonen, und aus welchem Werkstoff der Abguß hergestellt wird (Stahlguß, Gußeisen, Rotguß oder dgl.).

4. Die Organisation der Modellwerkstatt und Modellverwaltung. In kurzen Umrissen wird ein Bild gegeben, wie in einer Modellwerkstatt richtig gewirtschaftet werden kann und wie sämtliche Werkstoffe genau nachgewiesen werden. Sämtliche Roh- und Betriebsstoffe, die in die Modellwerkstatt eingehen, wie Lack, Modelldübel, Lederhohlkehlen, Kernkastenverschlüsse usw. werden im Betriebsbüro gebucht und an Hand der abgegebenen Scheine abgeschrieben. Es läßt sich also auch hier nach Jahresabschluß genau feststellen, wie in der Modellwerkstatt gewirtschaftet worden ist.

Natürlich erfordert die ganze Ordnung ein peinlich gewissenhaftes Arbeiten, so daß dem Meister zur Beaufsichtigung der Werkstatt, je nach ihrer Größe, wenig Zeit übrig bleibt, daher empfiehlt sich folgende Einrichtung:

Die Modellwerkstätten lassen sich in drei Gruppen teilen: kleinere Betriebe bis etwa 8 Mann, mittlere Betriebe bis 15 Mann und größere Betriebe über 15 Mann. Es ist nun angängig, daß man in kleineren Betrieben dem Meister die gesamte Arbeit überträgt, in mittleren Betrieben neben dem Meister noch einen Werkstattschreiber, der zugleich Modellverwalter ist, einstellt, und in Betrieben über 15 Mann einen Werkstattschreiber, einen Modellverwalter und einen Modellprüfer neben dem Modellbaumeister. Nur dann ist Gewähr geboten, daß auch tatsächlich nach jeder Richtung hin die Modellwerkstatt richtig geleitet wird. Sämtliches Hilfspersonal ist dem Modellbaumeister zu unterstellen. Das gilt besonders von dem Modellprüfer, der sämtliche Modelle auf Maß- und Formgerechtigkeit hin zu überwachen hat. Findet er Fehler, so muß er diese dem Meister melden und nicht eigenmächtig vorgehen. Einmal werden dadurch Reibereien vermieden, ferner würde ja der Meister sonst gänzlich ohne Überblick über die Leistungsfähigkeit der einzelnen Leute bleiben. Der Meister muß aber unbedingt unterrichtet sein, damit er bei der Arbeitsverteilung richtig vorgehen kann, was gerade in der Modellwerkstatt sehr wichtig ist.

Der *Modellboden* oder, in größeren Betrieben, das *Modellhaus* soll in unmittelbarer Nähe der Modellwerkstatt liegen oder am besten mit ihr verbunden sein, damit unnötige Modellbeförderungskosten vermieden werden. Alle Modelle, die aus der Gießerei zurückkommen, sind instandzusetzen, d. h. es ist zunächst nachzusehen, ob alle Kernkästen und losen Teile aus der Gießerei zurückgekommen sind, alsdann ist das Modell auszubessern, so daß es jederzeit gebrauchsfähig ist. Man soll also Modelle, wenn sie aus der Gießerei kommen, nicht gleich auf den Modellboden bringen, sondern gebrauchsfertig und nachdem sie auf der Modellkarte zurückgeschrieben sind, der Modellverwaltung übergeben. Das Modell wird nun vollständig, also mit Kernkästen und etwaigem Zubehör, in einem Regal auf dem Modellboden untergebracht. Die Regalnummer wird sodann in die bezeichnete Spalte auf der Modellkarte eingetragen, so daß es zu jeder Zeit möglich ist, ohne langes Suchen sofort das Modell zu greifen.

Der Modellboden soll so eingeteilt sein, daß ausreichend breite Gänge und genügend Feuerlöschvorrichtungen vorhanden sind, auch muß man ohne große Schwierigkeiten an jedes Regal herankommen können, ferner ist gutes Licht Hauptbedingung, endlich muß der Zutritt zum Modellboden jedem Unbefugten streng verboten sein.

B. Arbeits- und formgerechte Konstruktionen.

Im nachstehenden soll an verschiedenen Beispielen gezeigt werden, wie der Konstrukteur dazu beitragen kann, dem Former und Modellbauer die Arbeit zu erleichtern.

5. Konstruktion und Formarbeit. Leider finden immer noch sehr viele Zeichnungen ihren Weg in die Modellwerkstatt, bei denen auf Formgerechtigkeit nicht genügend Rücksicht genommen ist. Die Lösung dieser Frage überläßt man der Modellbauwerkstatt, was vom betriebswirtschaftlichen Standpunkte aus aber falsch ist, weil man dem Modellbauer dadurch zuviel Wahlfreiheit einräumt.

Abb. 1 zeigt einen im Maschinenbau üblichen *Lagerbock* im U-Querschnitt. Linke Seiten *Ia* und *IIa* sind unrichtig, es sind Zeichnungen, wie sie Schiene und Bleistift geben, aber keine Zeichnungen, nach denen der Modellbauer arbeiten soll. Er ist gezwungen, um ein formgerechtes Modell zu bauen, von der Zeichnung abzuweichen, er wird seinen Modellaufriß und sein Modell nach den rechten Hälften *Ib* und *IIb* anfertigen, d. h. Rippen und Fußplatte verjüngt ausführen. Nur dann kann der Former eine einwandfreie Form herstellen, die wiederum einen sauberen Abguß liefert. Bei *II a* sehen wir noch eine runde Scheibe von 25 mm Durchmesser, durch die das Loch für eine Befestigungsschraube des Lagerbockes gebohrt wird. Diese Scheibe muß angesteckt werden, damit das Modell sich aus der Form ausheben läßt und muß nachher seitlich eingezogen werden, was dem Former unnötige Arbeit macht. Diese Arbeit kann vermieden werden, wenn

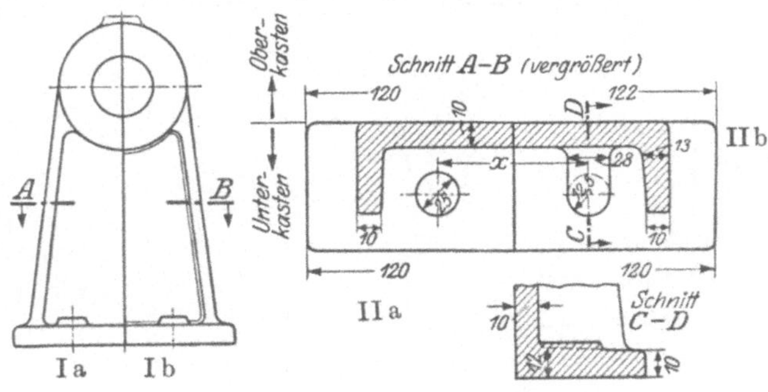

Abb. 1. Stehlagerbock, falsch und richtig.

statt der Scheibe ein Lappen wie in *II b* angebracht wird. Bei zwei angesteckten Scheiben wird auch selten das Stichmaß (Mittenentfernung) x genau stimmen, bei zwei festen Lappen dagegen setzt der Modellbauer das Stichmaß genau ein. Bei *Büchsen* (Lagerbüchsen) mit ausgesparter Bohrung findet man häufig, daß die Aussparung zu knapp gehalten ist. Eine Aussparung von 5 mm im Durchmesser wie in Abb. 2 bei *I a*, für eine Bohrung von 80 mm, ist zu klein, es sollten wenigstens 10 mm sein, wie bei *I b*. Bei *II* sind dieselben Verhältnisse nochmals gezeichnet, jedoch die Bohrung mit Bearbeitungszugabe.

Wird nun die Büchse liegend gegossen, wie in *II* angedeutet, so kann man annehmen, daß der Kern gerade liegt, also beim Ausbohren der Büchse der Stahl auch bei

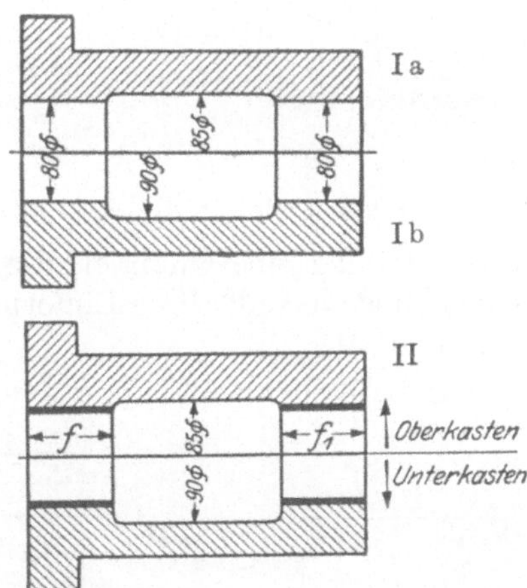

Abb. 2. Lagerbüchse.

der 5 mm Aussparung vielleicht noch richtig auslaufen kann und die fertige Büchse daher richtig, d. h. nur auf den Flächen f und f_1 trägt.

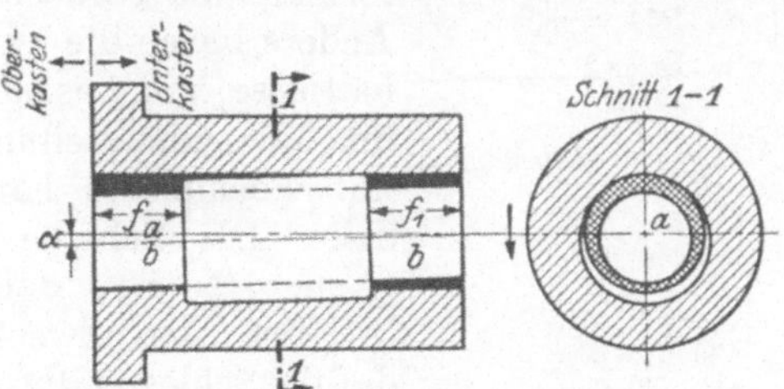

Abb. 3. Büchse mit schiefstehendem Kern.

Anders kann das werden, wenn die Büchse stehend geformt wird. der Kern also in den Oberkasten eingeführt werden und infolgedessen die Kernmarke am Modell lose bleiben muß. Die Oberkastenkernmarke wird in der Praxis immer etwas stärker verjüngt, was dem Former Veranlassung gibt, an dem einzusetzenden Kern nachzufeilen. Dadurch kann der Kern zu schwach

werden, im Oberkasten also zuviel Luft haben und beim Gießen nach einer Seite gedrückt werden. Er kann sich dabei wie in Abb. 3 schief stellen, so daß Achse a—a der Büchse gegen Achse b—b des Kerns um Winkel α geneigt steht. Beim

Bearbeiten dieser Büchse muß der Dreher so ausrichten, daß sie überall rein wird, die Folge wird sein, die Büchse wird auf einer Seite auf der ganzen Länge tragen, während auf der anderen Seite noch eine doppelte Vertiefung bleibt.

Abb. 4/I zeigt eine *Kurbel*, bestehend aus dem Gußteil *A* und dem angenieteten, gedrehten Griff *B*. An *A* befindet sich als Übergang vom Griff zur Kurbel eine Erhöhung *a* von 1 mm in Form einer Scheibe. Nach dieser Konstruktion gibt es zwei Wege zur Herstellung der Form: Nach Abb. 4/II ist das Modell in der Mitte geteilt, die untere Modellhälfte kommt in den Unterkasten *C*, die obere in den Oberkasten *D*. Bei dieser Einformart entsteht also an der

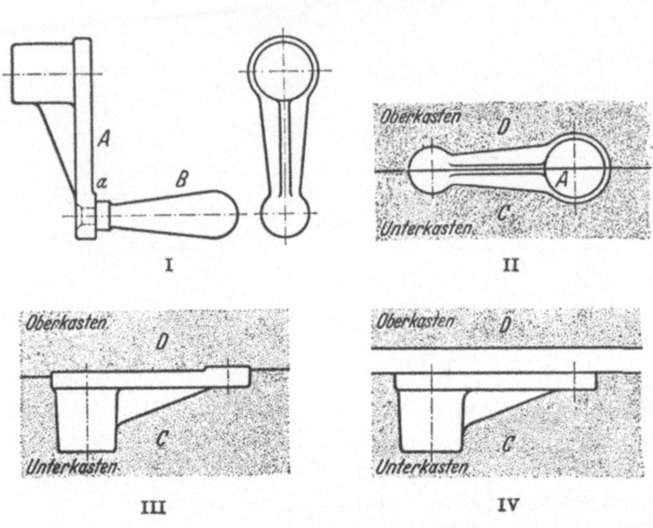

Abb. 4. Kurbel. Verschiedene Arten, sie einzuformen.

Kastenteilung eine Gußnaht, die verputzt werden muß. In Abb. 4/III ist die zweite und vorteilhaftere Einformart ersichtlich. Hier schneidet der Former den Unterkasten an der Kantenrundung des Modells an, so daß auch die vorspringende Scheibe von 1 mm Höhe mit in den Oberkasten kommt. Aber auch hierbei muß der Schlosser die Gußnaht sauber befeilen. Immerhin wäre für Einzelabgüsse diese Einformart die gegebene. Anders liegen die Verhältnisse, wenn es sich um Massenherstellung mit Formplatte handelt. Die Scheibe *a* (Abb. 4/I) hat doch lediglich den Zweck, daß der Schlosser durch Überfeilen der Fläche

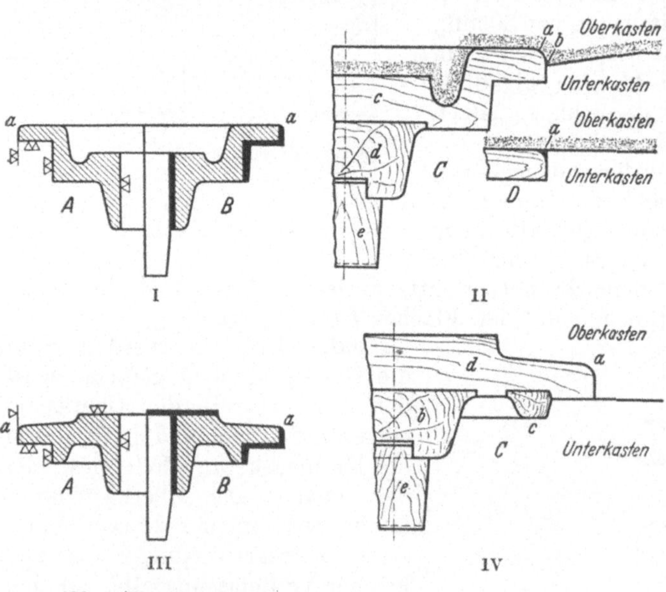

Abb. 5. Flanschmodell in zwei verschiedenen Konstruktionen.

dem Griff *B* eine glatte Anlagefläche gibt. Ließe der Konstrukteur die Scheibe *a* weg (und senkte statt dessen den Griff einige Millimeter tief ein), so blieben die Flächen ganz glatt, und es könnte an Herstellungskosten für die Formplatte gespart werden. Auf der anderen Seite befeilt der Schlosser doch die am Modell abgerundeten Kanten. Abb. 4/IV zeigt den Schnitt durch die Form, wobei der Former einen glatten Oberkasten hat. Außer der Scheibe a fehlt auch die obere Abrundung. Man kann also die untere Fläche schleifen und auch die Kanten mit der Schleifscheibe brechen. Im übrigen verschwimmt eine Fläche von 1 mm bei der Handformerei, und eine saubere Scheibe von 1 mm Höhe würde doch nur durch Maschinenformerei erzielt werden.

Abb. 5/I zeigt bei A die Werkstattzeichnung zu einem *Flansch*, bei B den Modellaufriß hierzu, wobei die schwarz angegebenen Flächen als Bearbeitungszugabe anzusprechen sind. Auf der Werkstattzeichnung ist die Kante a abgerundet. Trotzdem nun der Flansch in seinem größten Durchmesser ebenfalls bearbeitet wird, wird auch der Modellbauer am Modell die Kante a abrunden, wie bei B ersichtlich. Abb. 5/II zeigt bei C den Modellzusammenbau. Das Modell besteht aus der aus Sektoren und Ringen verleimten Scheibe c, der eingedrehten Nabe d und der eingezapften Kernmarke e. Beim Einformen stellt nun der Former das Modell mit dem größten Durchmesser nach unten auf einen Aufstampfboden, stampft den Unterkasten auf und wendet den Kasten mit dem eingestampften Modell. Da nun die Kante a auch am Modell abgerundet ist, muß der Former den Unterkasten anschneiden wie bei b. Diese Arbeit würde nun bei jedem Abguß gespart, wenn der Modellbauer die Kante a am Modell nicht abgerundet bzw. der Konstrukteur einen Vermerk auf die Zeichnung gemacht hätte, daß die Abrundung angedreht werden soll. Bei D ist die Kante nicht abgerundet und damit die Formarbeit einfacher.

Sollte nach dem Modell C eine Formplatte hergestellt werden, so erhöhten sich auch hierfür die Kosten für die abgerundete Kante a ganz beträchtlich.

Ein Beispiel, bei dem sich eine abgerundete Ecke nicht durch Mehrarbeit auswirkt, zeigt Abb. 5/III. A stellt wieder die Werkstattzeichnung, B den Modellaufriß und Abb. 5/IV bei C das eingeformte Modell dar. Dieses setzt sich zusammen aus dem Teller d, dem Ring c, der Nabe b und der Kernmarke e. Bei diesem Modell ist es vorteilhafter, wenn die Teile b und c am Modellteil d lose bleiben. Beim Aufstampfen der Form legt der Former die Scheibe d mit der großen Fläche nach unten auf einen Aufstampfboden, stampft den Oberkasten auf, wendet den Oberkasten mit dem eingestampften Modellteil d, setzt die Modellteile b, e und c auf den Modellteil d und stampft den Unterkasten auf. Bei dieser Konstruktion fällt die abgerundete Kante vollständig in den Oberkasten, und der Former hat noch den Vorteil, daß sich der Teil d besser aushebt. Es sind dieses nur einige Beispiele, wie sie in der Praxis sehr oft vorkommen.

6. Konstruktion und Modellkosten. Die folgenden Beispiele sollen zeigen, wie es dem Konstrukteur in vielen Fällen möglich ist, die Modellkosten zu verringern.

Abb. 6 zeigt ein *Hebelmodell* mit gewölbter Nabe und einem Steg von ovalem Querschnitt. Aus formtechnischen Gründen muß das Modell zweiteilig hergestellt werden, damit die Gießerei die Möglichkeit hat, das Modell, wenn mehrere Abgüsse in Frage kommen, gegebenenfalls auf einer Formplatte zu befestigen.

Abb. 7 zeigt das gleiche Hebelmodell, jedoch mit geraden Naben und mit Steg von rechteckigem Querschnitt, wobei die Kanten ganz leicht gerundet sind. Bei dieser Ausführung ist es nicht nötig, das Modell zweiteilig herzustellen, da der Former, wie gezeichnet, den Oberkasten in den Unterkasten anschneiden wird.

Die Modellkosten (Selbstkosten) sind hierbei etwa 30% niedriger. Die Mehrarbeit für Abb. 6 liegt im Balligdrehen der Modellnaben und im Befeilen des mittleren Steges, da dieser auch noch kegelig beiläuft.

Abb. 8 zeigt ein *Lagerbockmodell* mit Doppel-T- Querschnitt. Auch dieses Modell muß aus formtechnischen Gründen wieder auf der Linie *E—F* geteilt

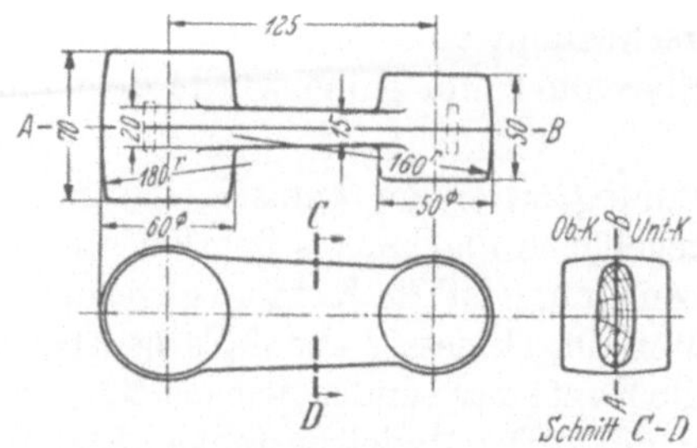

Abb. 6. Hebelmodell mit gewölbten Naben und Steg.

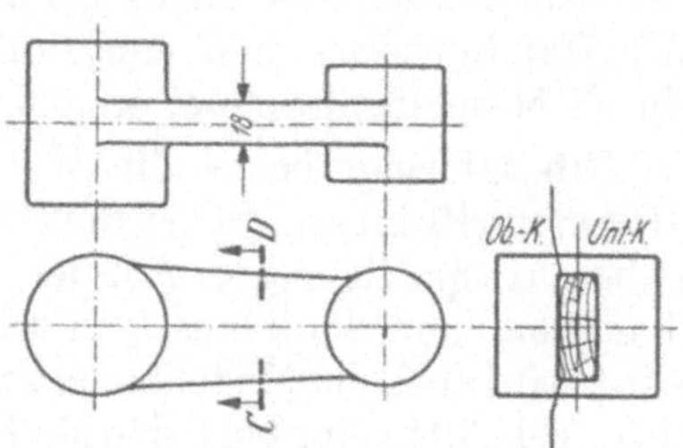

Abb. 7. Hebelmodell mit geraden Naben und Steg.

werden. Um eine höhere Lebensdauer des Modells zu erzielen, wird man hier die mittlere geteilte Aufbaufläche aus 6 mm starkem Sperrholz herstellen.

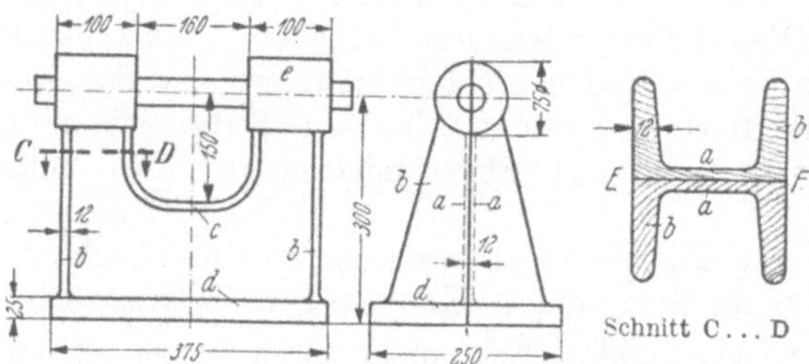

Abb. 8. Lagerbock im H- Querschnitt.

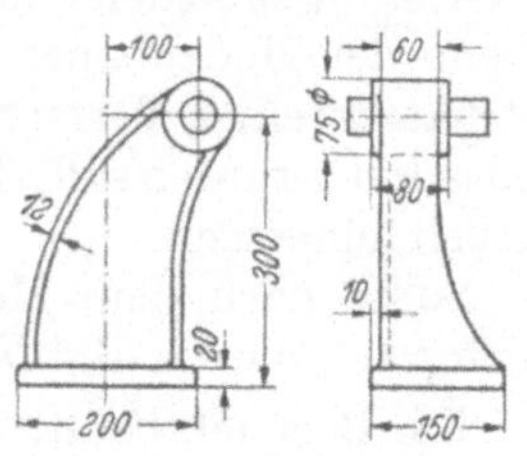

Abb. 11. Lagerbock mit geschweiften Rippen.

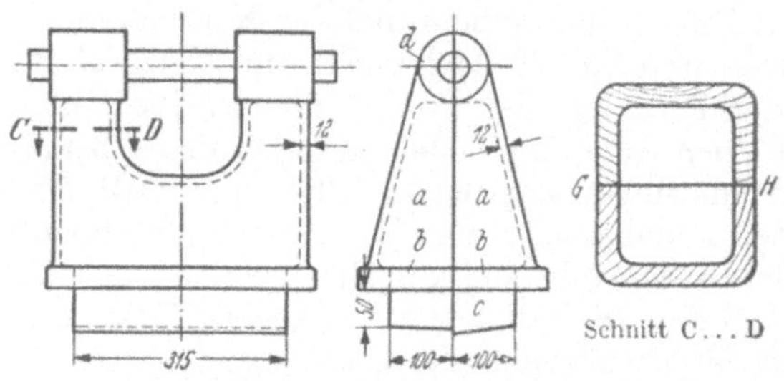

Abb. 9. Lagerbock im Kasten-Querschnitt.

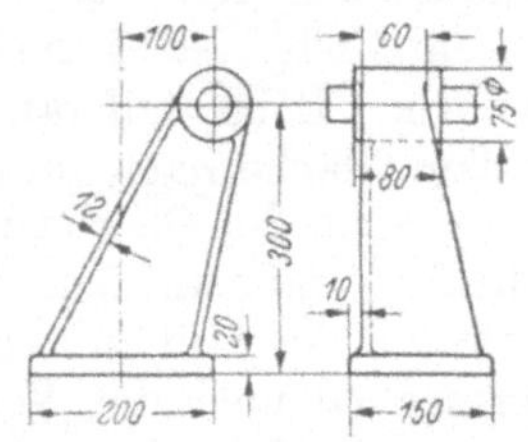

Abb. 12. Lagerbock mit geraden Rippen.

Abb. 9 zeigt ein Lagerbockmodell von denselben Abmessungen, jedoch im Kastenquerschnitt. Auch dieses Modell muß aus formtechnischen Gründen wieder zweiteilig sein.

Sehr oft entsteht für einen Konstrukteur die Frage: Wird ein Modell bzw. ein Abguß in Rippenform teurer oder billiger als im Kastenquerschnitt? Man kann hier keine allgemein gültige Antwort geben, da immer die Konstruktion des Gußstückes maß-gebend ist.

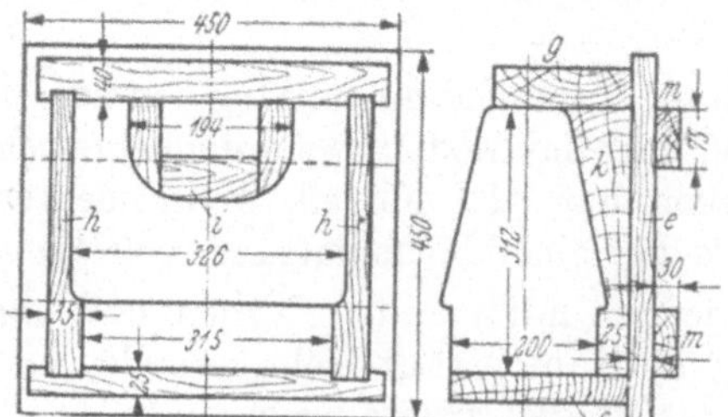

Abb. 10. Kernkasten zum Lagerbock nach Abb. 9.

Da die Gestehungskosten eines Gußstückes immer von den Modellkosten beeinflußt werden, müssen also auch diese mit einkalkuliert werden.

Die Selbstkosten für dieses Modell im Kastenquerschnitt betragen in Ausführung der früheren Güteklasse 2 (Stichjahr 1936[1]) etwa 53,00 M, für das Modell im I-Querschnitt etwa 37,00 M, also ~ 30% weniger. Die höheren Kosten des Kastenquerschnittes erklären sich daraus, daß der Modellbauer einen Kernkasten nach Abb. 10 mitliefern muß. Da zu jedem Abguß außerdem ein Kern hergestellt werden muß, sind Kastenquerschnitte im allgemeinen teurer.

Abb. 11 zeigt die Werkstattzeichnung zu einem *Lagerbock* im ⊔-förmigen *Querschnitt* mit *geschweiften* Rippen, während Abb. 12 den gleichen Lagerbock, jedoch mit *geraden* Rippen, wiedergibt. Die Selbstkosten für das Modell (Güteklasse 2) nach Abb. 11 betragen etwa 25,00 M und für Abb. 12 etwa 17,50 M. Geschweifte Konstruktionen sind im Modellbau teurer.

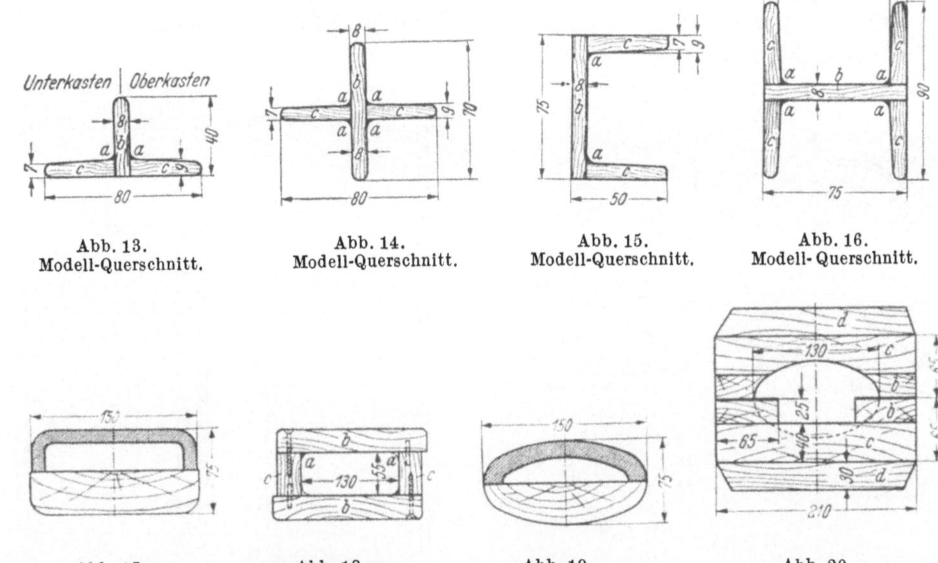

Abb. 13.
Modell-Querschnitt.

Abb. 14.
Modell-Querschnitt.

Abb. 15.
Modell-Querschnitt.

Abb. 16.
Modell- Querschnitt.

Abb. 17.
Kastenquerschnitt.

Abb. 18.
Kernkasten-Querschnitt
zu Abb. 17 oben.

Abb. 19.
Ellipsenförmiger Querschnitt.

Abb. 20.
Kernkasten-Querschnitt
zu Abb. 19.

Es sollen weiter noch die Kosten einiger Modell- und Kernkastenquerschnitte gegenübergestellt werden. Die Berechnung der Modellkosten stützt sich auf eine Profillänge von 300 mm. Es sind folgende Werte zugrunde gelegt:

1 m³ Erlen- oder Kiefernholz . . . 160,00 M

Maschinenzeiten, 100 min . . . . . 4,50 „

Lohnstunde . . . . 1,— „

Verwaltungskosten 180% der Gesamtkosten.

Abb. 13 ⊥-förmiger Querschnitt ≈ 3,10 M

Abb. 14 +-förmiger Querschnitt ≈ 3,90 „

Abb. 15 ⊏-förmiger Querschnitt ≈ 3,20 „

Abb. 16 H-förmiger Querschnitt ≈ 4,50 „

---

[1] In der neuen Auflage (1943) von DIN 1911, Bl. 2, ist eine Unterscheidung von Modellen nach Güteklassen nicht mehr vorgesehen.

Abb. 17 rechteckiger Kastenquerschnitt, hohl . . . . . $\approx$ 3,20 M

Kernkasten hierzu nach Abb. 18 . . . . . . $\approx$ 4,20 „

Abb. 19 ellipsenförmiger Modellquerschnitt, hohl . . . $\approx$ 3,70 „

Kernkasten hierzu nach Abb. 20 . . . . . . $\approx$ 8,75 „

(Allen angegebenen Werten liegt das Jahr 1936 zugrunde.)

7. Konstruktion und Kerne. Vorsichtige Überlegung fordern die Kerne, wie die folgenden Beispiele zeigen.

Die Ausführung *I* des *Dampfeintrittsstutzens eines Fördermaschinenzylinders* von 700 mm $\varnothing$ in Abb. 21 ist ungünstig, weil der Kern von 590 mm $\varnothing$ sich beim Einbauen nicht durch die engste Stelle der Form (520 mm $\varnothing$) einschieben läßt, und die Form infolgedessen bei *a* bis *b* geteilt werden muß. Ausführung *II* ist einfacher, hier geht der Kern von 510 mm $\varnothing$ durch die engste Stelle der

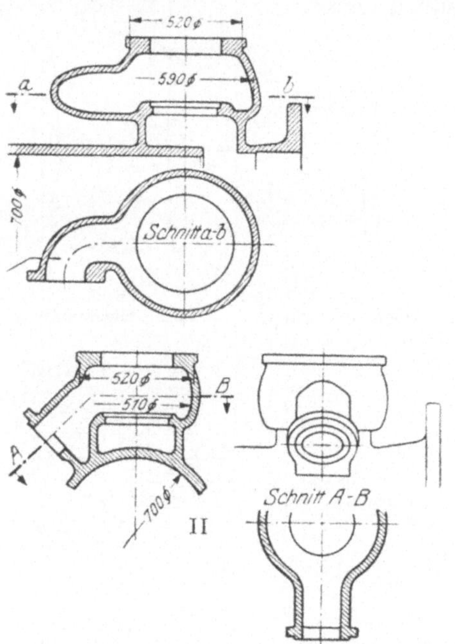

Abb. 21. Dampfeintrittsstutzen eines Fördermaschinenzylinders, in zwei Ausführungen.

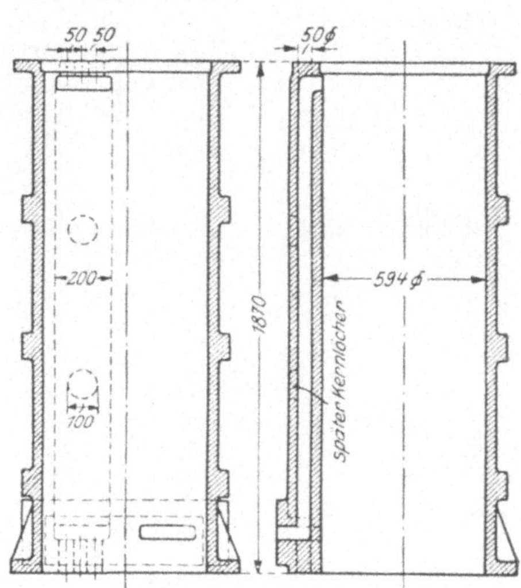

Abb. 22. Dampfzylinder zu einem 3000-kg-Hammer.

Form von 520 mm $\varnothing$. Außerdem ist der in Ausführung *I* angegossene Krümmer zur Vereinfachung der Formarbeiten besonders anzuschrauben.

Der 200 mm breite Dampfkanal des *Dampfzylinders* in Abb. 22 für einen 3000-kg-Hammer hatte außer den Schlitzen für den Dampfein- und Austritt keine weiteren Öffnungen. Das Putzen wird hierdurch fast unmöglich. Außerdem ist der Kanalkern in der Form schlecht zu halten. Es müssen Öffnungen, wie gestrichelt gezeichnet, vorgesehen werden, die später wieder durch Kernstopfen verschlossen werden.

Daß der Konstrukteur an Lunker (Schwindungshohlräume) und Spannungen zu denken hat, die vor allem bei Stahlguß sehr gefährlich werden können[1], und nicht zuletzt an die mechanische Bearbeitung der Gußstücke, sei nur erwähnt.

8. Arbeitsgerechte Zeichnungen für die Modellbauwerkstatt. Es sollte in der Praxis nicht vorkommen, daß ein Arbeiter sich Maße auf der Zeichnung abmessen

---

[1] Vgl. Werkstattbuch Heft 24: Kothny, Stahl- u. Temperguß.

muß, sondern es ist Pflicht des Technikers, alle Maße genau einzuschreiben, welche die einzelnen Facharbeiter benötigen.

Ein Beispiel soll zeigen, daß es immer wieder der Modellbauer ist, der sich weit mehr mit Maßen beschäftigen muß, als irgendein anderer Facharbeiter des Maschinenbaues.

Abb. 23 zeigt eine Verschlußhaube, an der unteren Fläche bearbeitet, mit 6 Löchern am Umfang, Lochdurchmesser 20 mm. Um diesen Abguß maschinenfertig herzustellen, sind verschiedene Facharbeiter nötig.

Der Modellbauer wird sich nach der Werkstattzeichnung seinen genauen Modellaufriß machen, um das Modell zu verleimen und um seine äußere und innere Schablone anzufertigen, nach der er das Modell auf der Drehbank dreht.

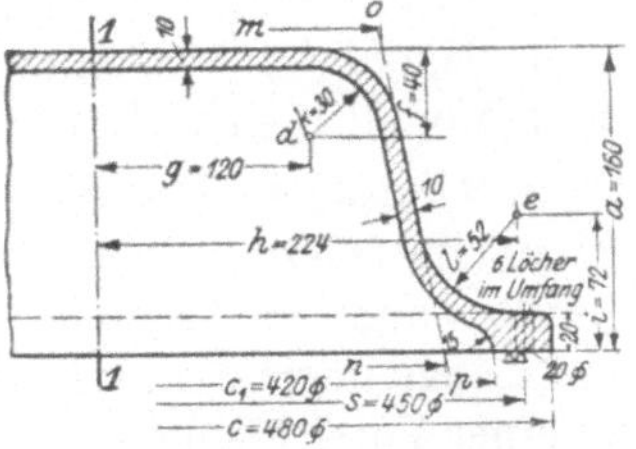

Abb. 23. Verschlußhaube.

Für ihn kommt in Frage: Maß a, die Gesamthöhe von 106 mm, die Mittellinie 1–1, der äußere Durchmesser c, der innere Durchmesser c_1, die Stichpunkte d und e, die Maße f, g, h und i, die Radien k und l. Die Maße m und n braucht der Modellbauer nicht, da sich die Verbindungslinie o—p durch das Schlagen der Radien in den Stichpunkten d und e von selbst ergibt. Am meisten bemängelt der Modellbauer an den Werkstattzeichnungen, daß die Stichpunkte (Mittelpunkte) der einzelnen Radien nicht genau festgelegt sind. Würden z. B. in Abb. 23 nur die Maße m und n angegeben sein, so müßte der Modellbauer sich die Stichpunkte d und e suchen, was ein unnötiges Abtasten verlangte und doch nichts Genaues ergäbe, da bekanntlich Blaupausen immer etwas schwinden. Für den Former kommt lediglich das fertige Modell in Frage, Maße sind für ihn bei Herstellung des Abgusses nicht nötig. Für den Dreher kommt einzig und allein das Maß a in Frage, seine Hauptaufgabe ist, die ganze Höhe von 160 mm einzuhalten. Für den Schlosser ist nur wichtig: Teilkreis $s = 450$ mm $\varnothing$ und Angabe: „Am Umfang 6 Löcher von 20 mm $\varnothing$".

II. Betrieb der Modellwerkstatt.

A. Maschinen[1] für den Holzmodellbau.

In der Bau- und Möbeltischlerei ist die Handarbeit zum größten Teil schon durch Maschinenarbeit ersetzt, was wohl seinen Grund darin hat, daß in diesen Betrieben die Reihenfertigung vorherrscht. Ganz anders liegen die Verhältnisse im Holzmodellbau. Die Arbeit des Modellbauers hat noch den rein handwerksmäßigen Charakter, und deshalb ist es schwer, genaue Richtlinien für den Maschinenbestand einer Modellbauwerkstatt festzulegen, schließlich ist auch die Kapitalskraft des jeweiligen Betriebes ausschlaggebend. Für eine neuzeitlich eingerichtete, sehr leistungsfähige Werkstatt mit etwa 12 Mann kämen an Maschinen etwa in Betracht:

1 Bandsäge, $\sim$ 800 mm Rollendurchmesser,

1 Kleinbandsäge,

1 Abrichtmaschine,

---

[1] Vgl. Werkstattbuch Heft 78: Wichmann, Maschinen- und Werkzeuge für die spangebende Holzbearbeitung.

1 Dicktenmaschine oder eine vereinigte (kombinierte) Hobelmaschine,
1 Drehbank, zum Plandrehen eingerichtet,
1 Kreissäge,
1 Flächenschleifmaschine für Holz,
1 Messerschleifmaschine für Maschinenmesser,
1 Schleifmaschine für Hobeleisen,
1 Sägenschärfmaschine und
1 Modellfräsmaschine.

9. Bandsägen. Bedingung ist, daß alle Bandsägenblätter in einem tadellosen Zustande erhalten werden, nicht nur die Schärfe und Schränkung der Zähne, sondern auch die Lötstelle; diese muß dauerhaft sein und *gerade*, d. h. rechtwinklig zur Länge liegen. Man lötet in der Regel in der Breite von 3 Zähnen aufeinander, in einer Vorrichtung, die Gewähr dafür bietet, daß im gelöteten Blatt der Rücken genau fluchtet; ist er krumm, so schlägt die Säge beim Laufen und wird bald springen, was trotz aller Schutzvorrichtungen oft gefährlich ist. Beim Arbeiten auf der Bandsäge ist stets darauf zu achten, daß die Hände nicht in der Schnittrichtung liegen.

10. Vereinigte Abricht- und Dicktenhobelmaschine. Diese verbundenen Maschinen sind gerade für die Modellwerkstatt geeignet und ersetzen zwei Sondermaschinen. Das Abrichten der Hölzer ist mit sehr großer Gefahr verbunden, weshalb man Stücke *unter* 300 · · · 400 mm Länge überhaupt nicht abrichten und immer streng darauf achten sollte, daß die Schutzvorrichtung über der Messerwelle in Ordnung ist. Zum Abrichten

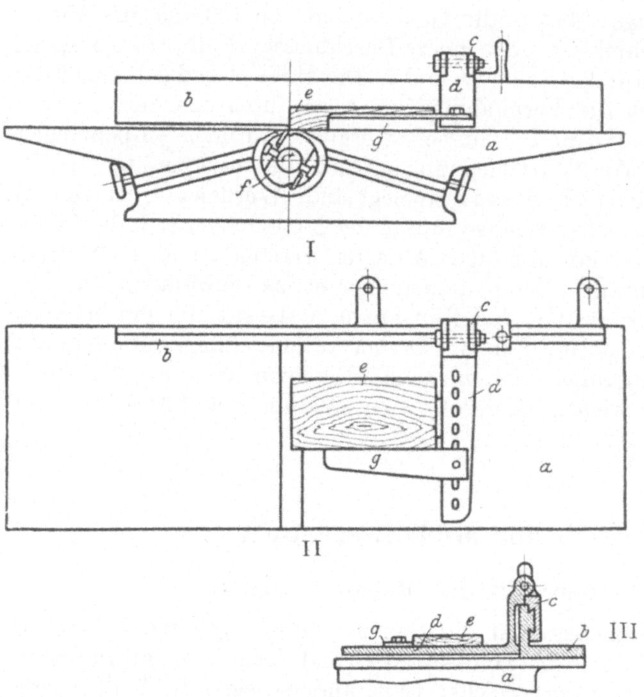

Abb. 24. Schlittenvorrichtung zum Abrichten kurzer Hölzer auf der Abrichtmaschine.

kurzer Hölzer dient eine Schlittenvorrichtung etwa nach Abb. 24 I/II, die bei sachgemäßer Bedienung jede Gefahr ausschaltet:

Das Anschlaglineal *b* erhält einen Schieber *c*, der einen über den Maschinentisch *a* ragenden, abklappbaren Arm *d* trägt. Das Stück Holz wird nun gegen *d* gelegt und mit der linken Hand gegen die Messerwelle gedrückt, während die rechte Hand den Schieber *c* vorwärts bewegt. Die seitlich am Arm *d* befestigte Leiste *g* verhindert ein Beiseiteschleudern des Holzes und zugleich deckt sie beim Abrichten die Messerwelle an der gefährlichen Stelle ab. Ein Zurückschleudern des Holzes wird durch den Arm *d* verhindert, selbst bei einem plötzlichen Rückschlag, da der Arm *d* einseitig am Schieber *c* angebracht ist und dieser sich bei einem

Ruck durch die entstehende Reibung an dem Anschlagwinkel b festklemmen wird. Das Dicktenhobeln auf einer Verbundmaschine ist das gleiche Verfahren wie bei den Sonderdicktenmaschinen, nur daß das Holz in der entgegengesetzten Richtung wie beim Abrichten in die Maschine eingeführt wird.

11. Holzdrehbänke. Für mittlere Werkstätten sind Bänke von 300 ··· 350 mm Spitzenhöhe zu empfehlen, möglichst mit gekröpftem Bett zum Plandrehen, wie Abb. 25. Die hier gezeigte Bank hat unmittelbaren elektrischen Einzelantrieb und eine abnehmbare Brücke über der Kröpfung. Um die unvermeidlichen Hammerschläge gegen die Spindel beim Arbeiten aufzunehmen, ist ein Sonderdruckkugellager eingebaut. Der Motorspindelstock bildet ein Ganzes, das gegen Staub und andere äußere Einflüsse gut geschützt ist.

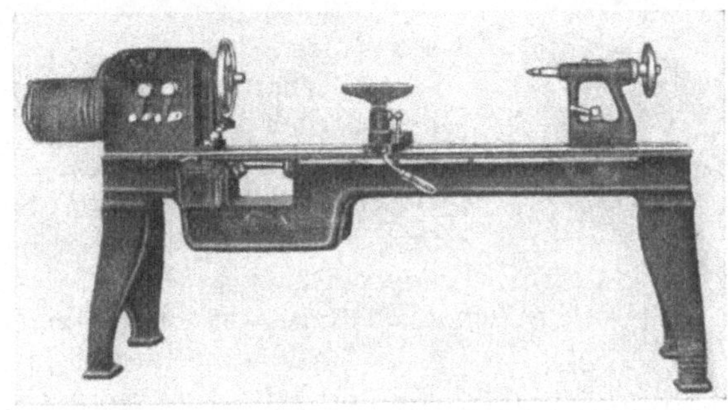

Abb. 25. Holzdrehbank.

12. Kreissägen dienen zum Falzen, Nuten und Vonbreiteschneiden einzelner Hölzer, sie leisten also auch im Holz- wie Metallmodellbau sehr gute Dienste. Abb. 26 zeigt eine Kleinkreissäge, die sich besonders für Modellbauwerkstätten eignet. Die Sägenwelle

Abb. 26. Kreissäge.

Abb. 27. Flächenschleifmaschine.

läuft in Kugellagern, der Tisch ist bis zu 45° verstellbar. Die Maschine kann durch Riemen oder unmittelbar durch einen Flanschmotor angetrieben werden.

13. Sandpapier-Schleifmaschinen. Wenn sich diese Maschinen auch nur allmählich in den Modellwerkstätten eingeführt haben, so wird ihr Wert noch immer viel verkannt. Gute und brauchbare Flächenschleifmaschinen nehmen dem Modellbauer 10 ··· 15% der Handarbeit ab. Abb. 27 zeigt eine Flächenschleifmaschine mit Planscheiben aus Leichtmetall und mit Aufspannvorrichtung nach Abb. 28. Da das Sandpapier um die Planscheiben greift, diese stark abgerundet, weiter die Schleiftische verstellbar sind, so kann man auf dieser Maschine nicht nur gerade und kegelige Flächen, sondern auch Hohlkehlen schleifen.

Abb. 29 zeigt eine Kurvenschleifmaschine mit auf- und abschwingendem Schleifzylinder, ebenfalls mit verstellbarem Tisch. Auf dieser Maschine können sämtliche geschweiften Arbeiten im beliebigen Winkel geschliffen werden. Der Standort dieser Maschine kann jederzeit gewechselt werden, da sie durch Steckkontakt an jede Kraftleitung angeschlossen werden kann.

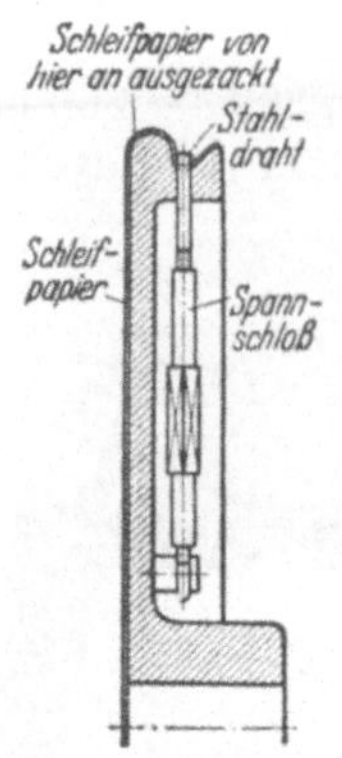

Abb. 28:
Aufspannvorrichtung zur Flächenschleifmaschine.

Abb. 29.
Kurvenschleifmaschine.

14. Scharfschleifmaschinen. Es sind erforderlich: zum Schleifen der Hobelmesser eine selbsttätige *Messerschleifmaschine*, zum Schärfen der Bandsägen- und Kreissägenblätter eine selbsttätige *Sägenschärfmaschine*, und zum Schleifen der Tischlerwerkzeuge ein *Sandstein*.

15. Modell- und Kernkastenfräsmaschine. Abb. 30 zeigt eine neuzeitliche Oberfräse für mittlere und kleinere Werkstücke. Diese Maschine weist alle diejenigen Vorteile auf, welche beim Modellbau ins Gewicht fallen. Sie läßt die Ober- und Innenflächenbearbeitung der verschiedensten Stücke in einem durchgehenden Arbeitsgang zu und ist in ihrer Anwendungsmöglichkeit fast unbegrenzt.

Die Maschine kann nicht nur senkrecht und waagerecht fräsen, sondern auch schräg unter jedem Winkel. Der Tisch ist in der Art eines Kreuzsupportes beweglich. Ein abnehmbarer Tisch dient zum Fräsen kreisförmiger Außen- und Innenflächen. Für Reihen und Massenfertigung besitzt die Maschine eine Einrichtung zum Kopieren nach untergelegter Schablone (Verfahren nach dem Negativ). Es ist ein großer Vorteil dieser Maschine, daß sie nicht nur reine Modell- und Kernkastenfräse ist, sondern darüber hinaus Universaloberfräs-, Kopier- und Bohrmaschine für Holzbearbeitung. Neben den hier gezeigten Maschinen gibt es natürlich auch noch sehr viele andere neuzeitliche Fabrikate.

Abb. 30. Modell- und Kernkastenfräsmaschine.

B. Sonder-Werkzeuge für Holzmodellbau.

16. Schneidlade für Bandsägen. Bekanntlich sind alle Bandsägentische nur nach einer Seite hin verstellbar, weil es die Konstruktion der Bandsägen nicht anders zuläßt. Der Modellbauer benötigt nun bei seiner Arbeit sehr viel schräge Schnitte, für die er jedesmal den Tisch verstellen müßte. Da sich die meisten Bandsägentische aber nur schwer verstellen lassen, nimmt der Modellbauer von dieser zeitraubenden Arbeit meistens Abstand, zudem er ja doch nur von einer Seite aus schräg schneiden könnte. Diesem Übelstand hilft die verstellbare Schneidlade nach Abb. 31 ab.

Die Höhe der Vorrichtung ist so gering, daß sie auch bei Bandsägen mit nicht allzu großer Schnitthöhe verwendet werden kann. In vielen Fällen hilft sich der Modellbauer beim Schrägeschneiden damit, daß er auf ein Brett einseitig einen Keil setzt, rutscht das Brett dann aber ab, so geht gewöhnlich das Bandsägeblatt entzwei. Die verstellbare Schneidelade hingegen wird einfach auf den Bandsägen-

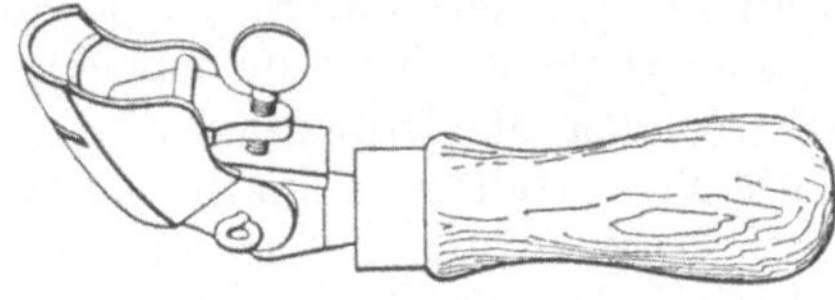

Abb. 31. Schneidlade für Bandsägen.   Abb. 32. Verstellbarer Hohlkehlhobel.

tisch gesetzt, mit zwei Stiften gesichert, die Schräge nach der Gradskala eingestellt und der Tisch der Vorrichtung durch den Spannkloben festgestellt.

17. Verstellbarer Hohlkehlhobel. Abb. 32 zeigt einen Hohlkehlhobel, der verstellbar ist und der die Möglichkeit zur Nacharbeit von Hohlkehlen an Modellen und Kernkästen bietet. Man hat bei diesem Werkzeug den Vorteil, daß man ziemlich in die Ecken kommen kann, was bei einem üblichen Hohlkehlhobel nicht der Fall ist. Die Messer sind mit drei verschiedenen Halbmessern lieferbar.

18. Elektrokraftwerkzeuge[1] haben wohl in keiner Industrie eine solch durchgreifende Änderung gebracht wie gerade in der Holzindustrie. Im Holz- wie Metallmodellbau haben sich diese Werkzeuge gut eingeführt und nehmen dem Modellbauer viele oft mühselige Handarbeit ab. Da die Auswahl dieser Werkzeuge sehr groß ist, sollen hier nur zwei Elektrohobel herausgegriffen werden.

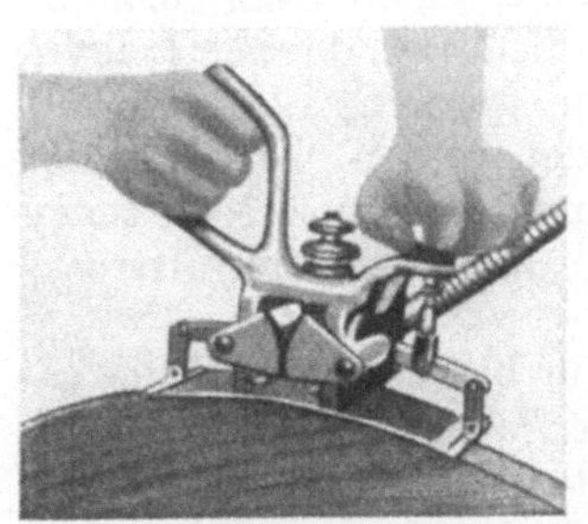

Abb. 33. Elektro-Schiffhobel.

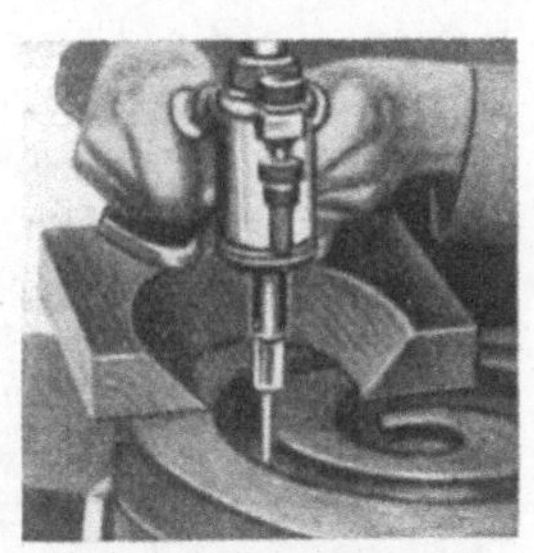

Abb. 34. Elektro-Grundhobel.

Der *Schiffhobel*, Abb. 33, kann Innen- und Außenrundungen bis zum kleinsten Halbmesser von etwa 200 mm bearbeiten. Er erspart viel Raspel- und Feilarbeit und das Werkstück wird auch noch sauberer. Er arbeitet wie die Hobelmaschinen: mit kugelgelagerter Messerwelle mit 2 Messern. Der *Grundhobel*, Abb. 34, leistet etwa das 10fache wie die Handarbeit. Er arbeitet als Fräse, die mit 2 Handgriffen freihändig geführt wird. Eine kugelgelagerte Welle trägt unten das Werkzeug.

C. Werkstoffe.

19. Die Hölzer. Die im Modellbau verwendeten Hölzer müssen sehr gut trocken sein. Auf die Güte der Ware kommt es dagegen weniger an, weil Hölzer erster

---

[1] Vgl. Werkstattbuch Heft 79; Graf, Maschinelle Handwerkzeuge.

Güte vor allem der Möbelfertigung vorbehalten bleiben. Die als Handelsware geführten Hölzer sollen „mittlerer Güte" sein.

Die Behandlung des Holzes beginnt schon beim Fällen der Bäume. Die Bäume sollen gefällt werden, wenn der Stamm saftarm ist, was im Spätherbst und Winter der Fall ist. Die dann noch vorhandenen Säfte dienen nur noch zur Erhaltung der Güte des Holzes. Wird hingegen der Stamm im Sommer gefällt, so geht der Saft sehr leicht in Gärung über und macht das Holz stockig. Das im Sommer geschlagene Holz trocknet infolge der natürlichen Holzfeuchtigkeit sehr langsam und wird bei unsachgemäßem Trocknen sehr starke Rißbildungen zeigen.

Man kann an den Schnitten der Hölzer das Gefüge erkennen. Den Schnitt quer zur Achse bezeichnet man als „Hirn- oder Kopfschnitt" und erkennt an ihm die Jahresringe, Kern und Splint, sowie die sich ansetzenden Zellstoffbündel. Der Längsschnitt, genau durch die Stammachse geschnitten, ergibt den Radialschnitt. Hier erscheinen die Jahresringe als parallele Streifen, man sieht Kern und Splint und die Markstrahlen in Form von Spiegeln: „Spiegelholz". Das Holz, parallel zur Achse geschnitten, Sehnenschnitt, zeigt die gleiche parallele Streifung, Kern- und Splintholz, selten die schräg geschnittenen Markstrahlen: „Langholz".

Es soll hier nur auf die gebräuchlichsten Modellhölzer eingegangen werden: Die *Kiefer* wird im Modellbau viel für größere Modelle verwendet, da sie für Grundgestelle der geeignete Baustoff ist. Die deutsche Kiefer zeigt in den meist stark hervortretenden Jahresringen eine größere Härte als in dem weniger widerstandsfähigen Holz, und diese Verschiedenheit erschwert das Anreißen beim Vorzeichnen mit dem Spitzzirkel und der Reißnadel, weshalb man für Modelle, die genau vorgezeichnet werden müssen, Kiefernholz nicht gerne verwendet. Sein Harzreichtum gibt dem Kiefernholz andrerseits die Eigenschaft, auch im feuchten Sande wenig zu quellen, weshalb man dieses Holz gerne zu Lehren für die Lehrenformerei (Schablonenformerei) benutzt, da bei Lehrenbrettern bekanntlich nur die Schneidkanten gestrichen werden.

Fichtenholz kann als Ersatz für Kiefernholz verwendet werden. Das Holz der Fichte ist grobjährig, und man kann das Sommer- und Herbstholz sehr genau unterscheiden: Sommerholz gelblichweiß, Herbstholz blaßrötlich. Im lufttrocknen Zustande steht es sehr gut.

Erlenholz ist für den Modellbau stark begehrt und für bessere Modelle der geeignete Werkstoff. Man unterscheidet zwei Arten, die *Schwarz-* und die *Weißerle*. Das Holz hat eine mittlere Härte, hat eine gewisse vorteilhafte Zähigkeit, wirft sich nur wenig und schwindet nicht stark. Alte Stämme werden oft kernfaul und anbrüchig, sie müssen bald nach dem Fällen geschnitten und so gestapelt werden, daß die Luft von allen Seiten herankommen und die verdunstete Feuchtigkeit abführen kann.

Lindenholz kommt als Modellholz namentlich da in Frage, wo es sich um künstlerische Modelle handelt. Das Gefüge des Lindenholzes ist dicht und läßt sich vorzüglich bearbeiten. Das frische Lindenholz schwindet sehr stark und wirft sich auch sehr leicht, ist es dagegen gut ausgetrocknet, so steht es vorzüglich, und die ihm eigne große Zähigkeit verhindert ein Reißen der aus ihm gefertigten Werkstücke.

Birnbaumholz ist ebenfalls ein ganz vorzügliches Modellholz, da es aber sehr teuer ist, so wird es nur ausnahmsweise bei kleineren Modellen verwendet.

Dasselbe gilt auch vom *Nußbaumholz*. Beide Hölzer werden meist für Modelle der früheren Güteklasse 1 verwendet.

Ahornholz kommt in drei Arten vor. Es gehört zu den Harthölzern, hat ein sehr dichtes Gefüge und eignet sich vorzüglich zu Drechslerarbeiten, Kernbüchsen,

Holzlagerschalen usw. Es läßt sich ausgezeichnet bearbeiten. Die Ahornarten (Bergahorn, Spitzahorn und Feldahorn) sind durchweg Splintbäume ohne Kern von weißer bis rötlichgelber Farbe. Die Jahresringe sind bei Ahornholz nur schwer erkennbar.

20. Der Leim. Die beste und wichtigste Sorte ist der Hautleim (aus tierischer Haut gewonnen), dessen beste Sorte unter dem Namen „Kölner Leim" in den Handel gelangt.

Der *Knochenleim* (aus der Knorpelsubstanz der Knochen gewonnen), auch vielfach als Patentleim bezeichnet, hat eine etwas geringere Bindekraft, was aber nicht von ausschlaggebender Bedeutung ist.

Ein guter Leim soll eine gleichmäßige Farbe (gelb oder braun) haben, soll hart, spröde und bruchfest, durchsichtig und rein sein. Er soll sich nicht biegen lassen, kurz abbrechen und eine glasglänzende Bruchfläche zeigen. In kaltem Wasser soll er selbst nach 48stündigem Liegen nur aufquellen, soll also viel Wasser aufnehmen, ohne sich zu lösen. Das überschüssige Wasser soll nicht trüb sein und darf nicht stinken.

Leim darf man niemals anbrennen lassen, da er dadurch seine Bindekraft verlöre, auch soll er nie kochen. Guter Leim löst sich schon bei 50° vollständig. Das Wasserbad verhindert ein Erhitzen über 100° und dadurch auch das Anbrennen.

Ein ganz vorzüglicher und sehr ausgiebiger Leim für Modellbauzwecke ist der *Perlenleim.* Die Vorzüge des Perlenleims: stets gleichmäßige Durchquellung der Perlen, daher leichte Löslichkeit in etwa 15 · · · 20 min ohne Kochen, Erhaltung der Güte der Leimlösung infolge der kurzen Erwärmung, demnach Ersparnis an Zeit, Löhnen, Feuerung und zudem: Erhaltung der Klebekraft. Ferner kein Einquellen auf Vorrat nötig, wie bei Tafelleim, denn bei plötzlich erhöhtem Leimbedarf ist mit Perlenleim in etwa $1^1/_4$ Stunde neuer Leim verfügbar. Weiter zersetzt Perlenleim sich nicht.

Nun gibt es noch eine Reihe von *Kaltleimen.* Im allgemeinen wird Kaltleim im Modellbau nur bei größeren Leimflächen verwendet, anderseits ist der Modellbauer an ein langes Warten nicht gewöhnt, was bei den meisten Kaltleimen erforderlich ist.

21. Kunstholz ist ein Werkstoff, der auch für den Holzmodellbauer nützlich ist. Wo Kittecken nicht halten oder bei Beschädigungen von kleineren und teuren Modellen und überall da, wo verkittete Stellen nachgearbeitet werden müssen, sollte man Kunstholz verwenden. Es läßt sich formen, bohren, drehen, sägen, modellieren, beizen, polieren und lackieren, ist unempfindlich gegen Wasser und feuchten Formsand und reißt und bröckelt nicht ab, es ist von gewachsenem Holz fast nicht zu unterscheiden.

22. Holzkitt ist eine Mischung von Schlemmkreide und Leinöl. Während man Kunstholz meist nur bei besseren Modellen verwendet, tut Glaserkitt bei Modellen einer niederen Güteklasse dieselben Dienste. Auch wird man bei dieser Modellklasse die Hohlkehlen anstatt von Leder aus Kitt einziehen.

23. Modellacke und -farben. Die Modelle sind nach DIN 1511 Blatt 1 zu lakkieren, damit die Feuchtigkeit des Formsandes nicht in das Holz einzieht, das Holz also (durch Feuchtigkeit) nicht arbeitet, ferner soll die durch die Lackfarbe entstehende glatte Fläche dazu beitragen, eine saubere Form zu geben. Modellacke sind Spirituslacke, trocknen also schnell und dürfen nicht schweißen, da sonst der Formsand festklebt und beim Ausheben des Modells eine unsaubere Form entsteht. Sie sind als Handelsware in verschiedenen Farben und Gütegraden erhältlich. Modellacke sind stets verschlossen aufzubewahren. Bezüglich der Farbe des Modellanstriches sei ebenfalls auf DIN 1511/1 hingewiesen.

D. Die Bewirtschaftung des Werkstoffes Holz.

24. Holzauszug nach Modellaufriß. Auch der Modellbauer soll für seine Arbeit nicht mehr Holz bekommen als unbedingt erforderlich ist. In der Bau- und Möbeltischlerei wird für jedes anzufertigende Stück Arbeit ein Holzauszug gemacht, nach dem das Holz zugeschnitten und im Maschinenraum maschinell bearbeitet wird. Der Tischler bekommt es dann als Halbfabrikat an die Bank.

Ganz anders liegen die Verhältnisse im Holzmodellbau. Man kann im Modellbau zuviel Holz verarbeiten und trotzdem kein starres Modell erhalten, und kann andrerseits bei der richtigen Auswahl der Holzstärken und bei sparsamstem Verbrauch auch eih formgerechtes und widerstandsfähiges Modell herstellen. Holzauszüge für Modelle und Kernkästen anzufertigen, erfordert allerdings jahrelange praktische Tätigkeit und reiches Fachwissen. Die Festigkeit des Modells und der Kernkästen ist immer ausschlaggebend für ihre Lebensdauer. Der Konstrukteur soll also der Werkstatt angeben, wie oft das Modell evtl. in der Gießerei benötigt wird, weil der Modellbauer danach seinen Modellaufbau ausführt.

Da die Zeichnungen des technischen Büros nicht voll den Anforderungen des Modellbauers genügen (es fehlen die Bearbeitungszugaben, die Kernmarken usw.), muß sich der Modellbauer seinen *Modellaufriß* anfertigen. Dieser Aufriß bietet dem Modelbauer zweierlei Vorteile: einmal kann er sich aus ihm seine Maße abstechen und andrerseits kann er nach ihm genau das in Frage kommende Holz zuschneiden und die notwendigen Hilfsmittel wie Modelldübel, Lederhohlkehlen, Schrauben usw. bestimmen. Auch der Stücklohnpreis (Akkord) soll an Hand des Modellaufrisses festgelegt werden.

25. Ersparnis durch Konstruktionsänderung. Daß durch vereinfachte und unerheblich geänderte Konstruktion oftmals merklich an Werkstoffkosten gespart werden kann, soll an einigen Beispielen aus der Praxis gezeigt werden.

1. Beispiel: Abb. 35 zeigt zwei verschiedene Fußkonstruktionen, wie man sie im Maschinenbau immer wieder findet, und zwar bei *A* einen geradelaufenden und bei *B* einen geschweiften Umriß. Entsprechend der Konstruktion ist auch der

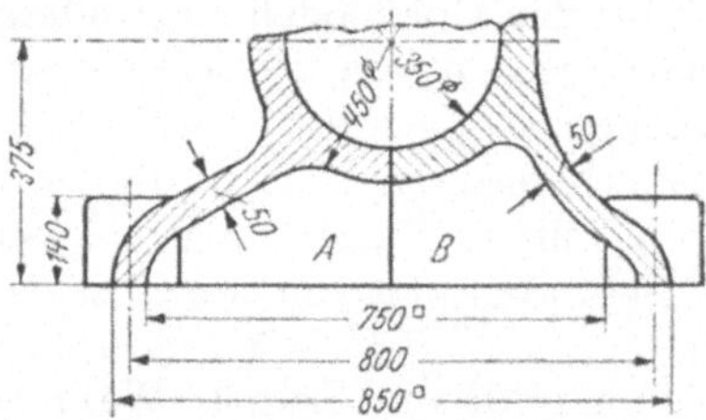

Abb. 35. Fußkonstruktionen.

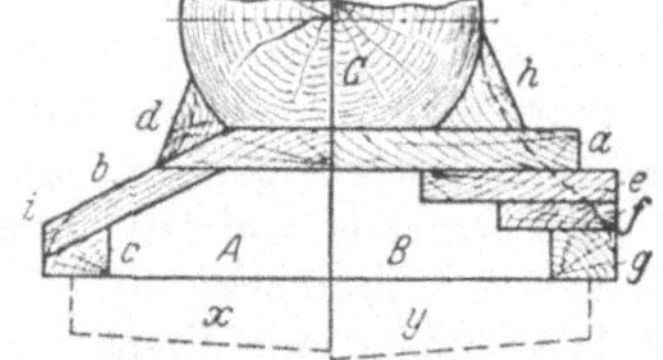

Abb. 36. Modellaufbau der Fußkonstruktionen.

Modellaufbau (Abb. 36) und der Aufbau des Kernkastens (Abb. 37). Bei der Kostenrechnung wurde für den m³ Kiefernholz 160,— M, für Maschinenarbeit je 100 min 3,50 M und für Bankarbeit je 100 min 1,65 M eingesetzt. Die Unkosten sind mit 100% angenommen.

Die nachstehenden Preise für Werkstoffe und die Löhne entsprechen dem Stand von 1936 und sind den jeweiligen Verhältnissen anzupassen.

Nach Abb. 35/36 A, einschließlich Kernkasten nach Abb. 37 A ergeben sich nachstehende Selbstkosten:

Werkstoffe:		*Löhne:*	
Kiefernholz, 0,1135 m³	18,16 M	Maschinenarbeit, 35 min	1,23 M
Verschnitt, 15%	2,72 ,,	Bankarbeit, 360 min	5,94 ,,
Leim, Lack, Schrauben usw. . .	3,00 ,,	100% auf 7,17 M Löhne	7,17 ,,
		Gesamtkosten	38,22 M

Nach Abb. 35/36 B stellen sich die Modellkosten einschl. Kernkasten Abb. 37 B:

Werkstoffe:		*Löhne:*	
Kiefernholz, 0,1353 m³	21,64 M	Maschinenarbeit, 40 min	1,40 M
Verschnitt, 15%	3,25 ,,	Bankarbeit, 450 min	7,43 ,,
Leim, Lack, Schrauben	3,80 ,,	100% auf 8,83 M Löhne	8,83 ,,
		Gesamtkosten	46,35 M

Also wäre das Modell nach B um 8,13 M oder $\sim 22\%$ teurer als die Ausführung nach A. Woran liegt das?

Nach Abb. 36 A setzt sich der Modellfuß zusammen aus den Einzelhölzern a, b, c und den Eckleisten d. Bei diesem Aufbau hat der Modellbauer nach dem Verleimen nur noch die Eckleisten d auszukehlen und die Ecken i abzurunden und später die gestrichelten Kernmarken X und Y aufzusetzen. Die Kernkastenhälfte Abb. 37 A setzt sich zusammen aus dem Boden u und den Leisten bzw. Brettern l, m, n und o, alles in allem einfach glatte Maschinenarbeit und wenig Bankarbeit gegenüber der Ausführung nach Abb. 36 B, die aus den Brettern a, e, f, g und den Eckleisten h besteht. Hierbei ist die Verleimung umständlicher und das Auskehlen des Profils erfordert mehr Bankarbeit. Auch beim Aufbau des Kernkastens nach Abb. 37 B, der sich aus den Einzelteilen p, r, s, t und dem Boden u zusammensetzt, ist, wie ersichtlich, viel mehr Bankarbeit erforderlich.

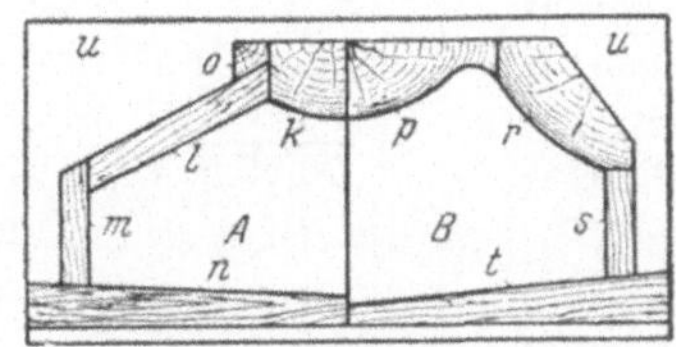

Abb. 37. Aufbau der Kernkästen zu Abb. 35/36.

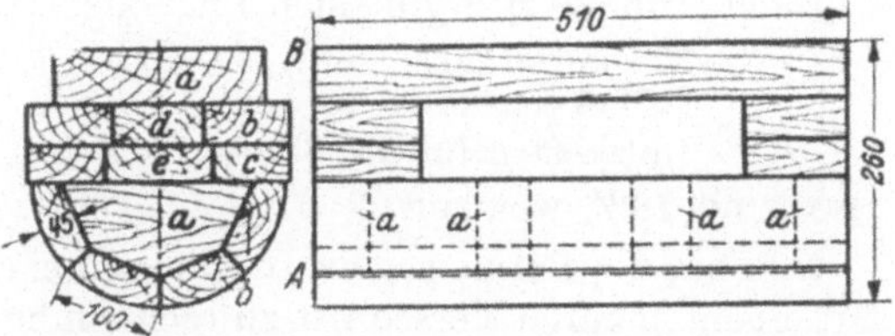

Abb. 38. Zwei verschiedene Verleimungsarten für Walzen.

2. Beispiel: Abb. 38 zeigt zwei Verleimungsarten einer Walze von 510 mm Länge und 260 mm ⌀. Die untere Hälfte der Abb. zeigt bei A eine sogenannte Trommelverleimung mit den Verbaustücken a, auf die die Dauben b geleimt werden. Bei einem Durchmesser des Werkstückes von 260 mm genügen 8 Dauben im Umfang. Die obere Hälfte B zeigt eine abgesperrte Holzverleimung. Bei diesem Beispiel soll lediglich der Holzverbrauch gegenübergestellt werden. Dieser beträgt bei der Trommelverleimung A:

0,0422 m³	6,75 M
Verschnitt, 15%	1,01 ,,
Holzkosten	7,76 M

Bei der gesperrten Verleimung B:

0,0260 m³	4,16 M
Verschnitt, 15%	0,62 ,,
Holzkosten	4,78 M

Es wird also bei der Trommelverleimung über 62% Holz mehr benötigt als bei der gesperrten Verleimung. Bei der Gesamtkostenberechnung des Modells würde sich ungefähr das gleiche Verhältnis ergeben, denn eine Trommelverleimung ergibt auch ziemlich hohe Maschinenzeiten. Bei einer Hohlverleimung in diesem Durchmesser ist also die Trommelverleimung zu teuer.

Anders liegen die Verhältnisse wieder, wenn es sich um größere zylindrische Körper handelt. Bei derartigen Modellen muß schon die Trommelverleimung angewendet werden, weil sonst die Modelle zu schwer und für die Gießerei zu unhandlich werden. Als Erklärung diene folgendes Beispiel:

Man wäge ein ungewöhnliches, gerades Rohrmodell und als Gegenstück ein Krümmermodell von gleicher Größe, so wird sich herausstellen, daß das Krümmermodell das doppelte Gewicht wie das gerade hat, weil man Krümmermodelle nicht mit Dauben verleimen kann, sondern sie gesperrt verleimen muß (etwa nach Abb. 38 B). Abb. 39 zeigt eine Trommel von 2000 mm Länge und 1020 mm $\varnothing$. Wieviel Dauben der Modellbauer für den Umfang des Modellkörpers zuschneidet, darüber bestehen keine Angaben. In der Regel wird er versuchen, die Dauben nicht zu breit zu halten, da er sonst wieder dickeres Holz benötigt. Abb. 39 A zeigt eine Verleimung mit

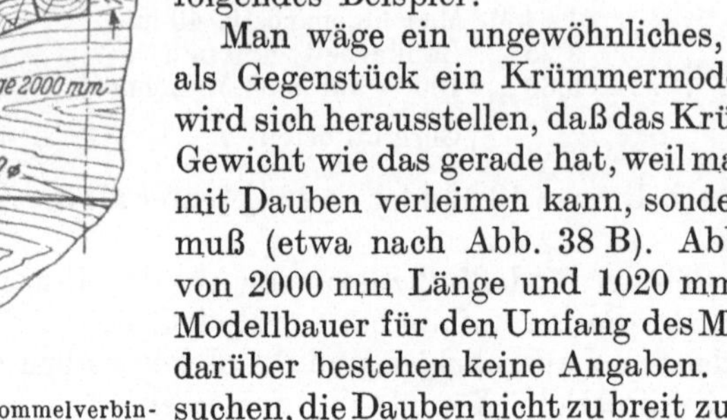

Abb. 39. Trommelverbindungen.

24 Dauben im Umfang, bei einer Daubenstärke von 70 mm, Abb. 39 B hingegen eine Verleimung mit 32 Dauben im Umfang, bei einer Stärke von 60 mm.

Der Holzverbrauch (nur für die Dauben) beträgt nach Abb. 39 A:

24 Dauben 2000 mm × 140 mm × 70 mm = 0,470 m³ . .	75,20 M
15% Verschnitt	11,28 ,,
Holzkosten für 24 Dauben	86,48 M

Nach Abb. 39 B ergibt sich folgender Holzverbrauch:

32 Dauben 2000 mm × 100 mm × 60 mm = 0,384 m³ . .	61,44 M
15% Verschnitt	9,21 ,,
Holzkosten für die 32 (schwächeren) Dauben	70,65 M

also rund 18% weniger.

Nun hat die Praxis gelehrt, daß man bei der Verwendung breiter Dauben auch mit einem höheren Verschnitt zu rechnen hat, als wenn man schmale Dauben zuschneidet und verwendet. Es besteht bei der Ausführung Abb. 39 A noch die Möglichkeit, die zugeschnittenen Bohlenstücke so aneinander zu leimen, daß man zwei Dauben aus einem verleimten Brett herausbekommt, wie Abb. 40 zeigt.

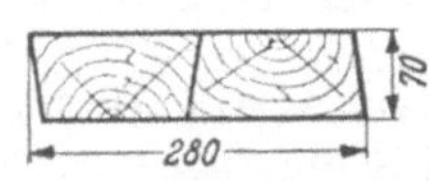

Abb. 40. Richtiger Zuschnitt der Dauben.

Weiter hat man bei dieser sparsamen Stoffbewirtschaftung noch den Vorteil, daß man für je zwei Dauben einen Kreissägenschnitt von 2000 mm Länge spart. Das bedeutet bei 24 Dauben 24 lfd. m Kreissägenarbeit. Man schneidet also die beiden zusammengeleimten Daubenstücke auf einem schräggestellten Kreissägentisch durch.

In der Lebensdauer der beiden nach A und B verleimten Trommeln dürfte kein Unterschied sein, und wenn auch bei der Verwendung von 32 Dauben etwas mehr Bankarbeit erforderlich ist, so wird doch dieses Modell handlicher für die Gießerei, weil es leichter ist.

E. Die Verwendung von Sperrholz im Modellbau.

Holz ist ein Rohstoff, der eine sehr vielseitige Bearbeitung ermöglicht. Trotz seiner großen Vorteile hat das Holz aber auch Eigenschaften, die sich selbst an fertiger Arbeit oft noch sehr unliebsam bemerkbar machen: seine Empfindlichkeit gegen die Witterungseinflüsse, besonders gegen den Wechsel von Trockenheit und Feuchtigkeit. Diese Veränderungen im Holz nennt der Tischler „Arbeiten" des Holzes. Es ist nun klar, daß im Modellbau in dieser Beziehung die größte Vorsicht geboten ist, denn wenn ein Modell schwindet, so verliert es seine Maßhaltigkeit, und die Abgüsse werden unbrauchbar. Aus diesem Grunde muß der Modellbauer sein Holz so verleimen, daß es „stehen bleibt", also nicht arbeitet, er muß es *absperren*. Beim Absperren von Holz wird die Holzdicke aus mindestens drei Dickten aufeinander geleimt, und zwar versetzt, d. h. die obere und untere Holzstärke laufen in gleicher Faserrichtung, während die Mittellage quer dazu dazwischen geleimt wird. Ein aus drei Dickten verleimtes Stück Holz wird nicht mehr „arbeiten", sich nicht mehr verziehen, und darum verwendet der Modellbauer auch heute schon fertige Sperrholzplatten, wo es zweckdienlich ist.

In vielen Fällen leistet das Sperrholz dem Modellbauer jedoch wertvolle Dienste, besonders dann, wenn er dünnwandige und sperrige Modelle anzufertigen hat. Selbstredend müssen alle Vorteile auch sachgemäß ausgenützt werden, sonst können leicht statt der Vorteile Nachteile entstehen. Denn einen Fehler hat Sperrholz, genau wie alle auch selbst gesperrt verleimten Hölzer, es tritt an allen Seiten Kopf- bzw. Hirnholz in Erscheinung, also Holz, das quer zur Faserrichtung läuft und eine rauhe Fläche besitzt. Nun soll aber der Modellbauer Kopfholz soweit wie eben möglich vermeiden, weil es sich später beim Ausheben des Modells aus der Form unliebsam bemerkbar macht. Will man also Sperrholz im Modellbau benutzen, so muß man es richtig tun. An zwei Beispielen soll die falsche und richtige Verwendung gezeigt werden:

Abb. 41 zeigt ein Tellermodell in dreifacher Ausführung. Im Falle A ist der glatte Boden *a* aus Schnittholz, wobei sich Kopfholz an den durch die waagerechten Pfeile angedeuteten Stellen befindet. Die aufgeleimten Ringe *1, 2, 3* verhindern ein Verziehen des Modells. Dennoch besteht bei dieser Bauweise die Möglichkeit, daß sich der untere Boden *a*, indem er trocknet, loslöst. Bei der Ausführung B besteht der Boden *a* aus einer Sperrholzplatte, an der das Kopfholz an allen Seiten erscheint. Wenn nun das Modell A oder B längere Zeit im Gebrauch gewesen ist, wird sich das Kopfholz bemerkbar machen,

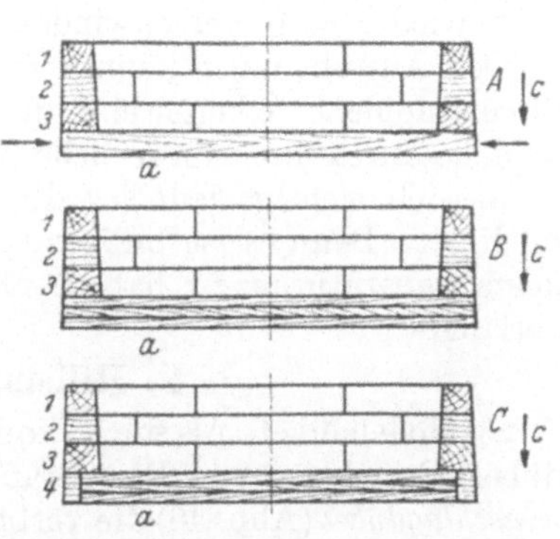

Abb. 41. Tellermodell in drei verschiedenen Ausführungen.

sofern das Modell in der Pfeilrichtung *c* aus der Form genommen wird, denn die Feuchtigkeit des Formsandes wirkt auf das Kopfholz ein. Dadurch ergibt sich unter Umständen Flickarbeit für den Former, oder aber — was bei der Ausführung A möglich sein kann — der untere Boden schwindet, die Abgüsse werden unrund. Bei der Ausführung C ist die Sperrholzscheibe richtig verwendet: Die ganze Modellhöhe setzt sich aus vier aufeinandergeleimten Ringen *1 · · · 4* zusammen und in den untersten Ring *4* ist die Sperrholzscheibe *b* eingedreht und eingeleimt, so daß am ganzen Modell überhaupt

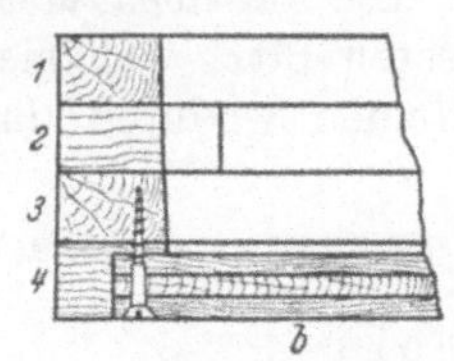

Abb. 42. Sachgemäße Befestigung des Sperrholzbodens (Abb. 41 c).

kein Kopfholz erscheint. Abb. 42 gibt nochmals in größerem Maßstabe die Befestigung des Bodens *b* im Ring *4* wieder. Wird das Modell so aufgebaut, so lassen sich mit ihm Formen in beliebiger Zahl herstellen.

Abb. 43 zeigt ein Deckelmodell in rechteckiger Form mit stark abgerundeten Ecken. Es setzt sich zusammen aus dem Boden d und den Wulstleisten f und g. Je nach der Größe des Modells muß der Boden d vor dem Verziehen geschützt werden, da die aufgeleimten Wulstleisten das Modell nicht gerade halten. Will man also für den Boden d Schnittholz verwenden, so müßte der Modellbauer den Boden durch zwei Dämmleisten verstärken, was jedoch mit Rücksicht auf die erhöhten Modellbauer- und Formerlöhne — denn der Former muß die Dämmleisten bei jedem Kasten zustreichen — unwirtschaftlich wäre. Bei der Ausführung nach Abb. 44 besteht der Boden d wieder aus einer Sperrholzplatte in der vorgeschriebenen Eisenstärke. Dieses Modell ver-

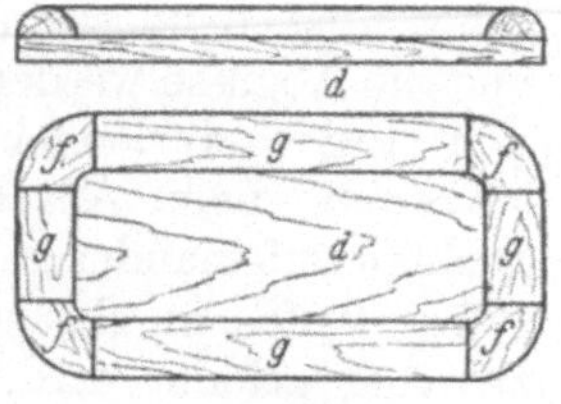

Abb. 43. Deckelmodell mit Schnittholzboden.

zieht sich zwar nicht, aber es ist wieder ringsherum Kopfholz sichtbar, wodurch sich die selben Nachteile ergäben wie im Falle Abb. 41 B.

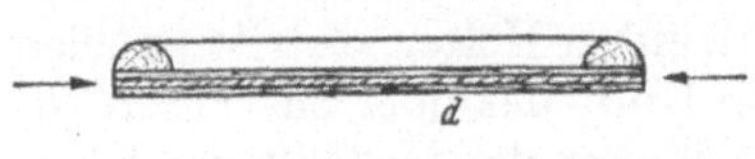

Abb. 44. Deckelmodell mit Sperrholzboden: falsch.

Abb. 45 hingegen zeigt wieder die sachgemäße Verwendung des Sperrholzes bei diesem Modell: Der Boden d wird allseitig um die halbe Wulstbreite schmäler gehalten, und die Leisten f werden angeleimt, wodurch das Kopfholz an den Rändern wieder ganz verschwindet.

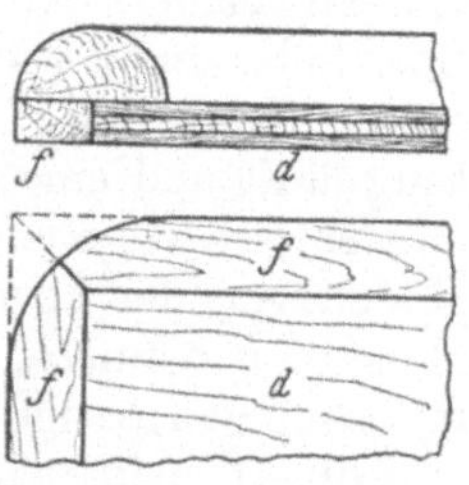

Abb. 45. Deckelmodell mit eingefalzten Sperrholzböden: richtig.

Den Ausführungen könnte man entgegenhalten, daß die empfohlene Arbeitsweise die Gestehungskosten der Modelle durch die erforderliche Mehrarbeit erhöht. Das ist an sich richtig, jedoch: die Gesamtkosten bei häufigem Gebrauch werden niedriger. Denn es ist billiger, ein gutes, etwas teures Modell herzustellen und keine Reparaturen zu haben, als ein billiges Modell, das ständig Reparaturen verlangt.

F. Hilfsmittel für den Modellbau.

26. Modelldübel. Als solche kommen für den Modellbauer in Betracht: Scheibendübel, Einschlag- und Einschraubdübel und Ansteckdübel. Von diesen sind die *Einschlagdübel* (Abb. 46) die verbreitetsten. Sie werden in vorgebohrte Löcher eingeschlagen (oder eingeschraubt) und setzen sich infolge der Rillen im Holz fest.

Die *Scheibendübel* (Abb. 47) hingegen besitzen nicht diesen festen Sitz, weil sie, durch Schrauben angezogen, sich lockern können, wodurch dann die Genauigkeit der zweiteiligen Modelle und Kernkästen oftmals in Frage gestellt ist.

Zum Anstecken loser Modellteile werden noch sehr oft *Ansteckdübel* nach Abb. 48 verwendet. Da sich diese Art Ansteckdübel — auch Ansteckstifte genannt — leicht ver-

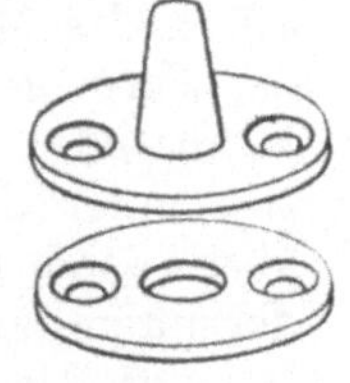

Abb. 47. Metallscheibendübel aus Messing.

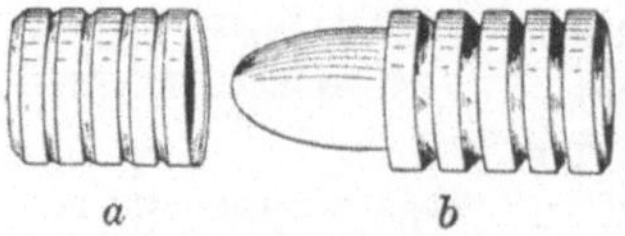

a b

Abb. 46. Einschlagdübel.

stampfen, so empfiehlt es sich, statt ihrer Ösenschrauben nach Abb. 49 zu verwenden. Da diese am unteren Ende Gewinde haben, kann man die losen Modellteile etwas anschrauben, so daß sie bei der Beförderung nicht verloren gehen.

27. Lederhohlkehlen nach Abb. 50 dienen dazu, an Modellen der ersten und zweiten Güteklasse die Kitthohlkehlen zu ersetzen, da diese mit der Zeit abbröckeln.

Die Abb. zeigt bei a die Lederhohlkehle angesetzt und bei b mittels Kugelstab eingezogen (eingeleimt).

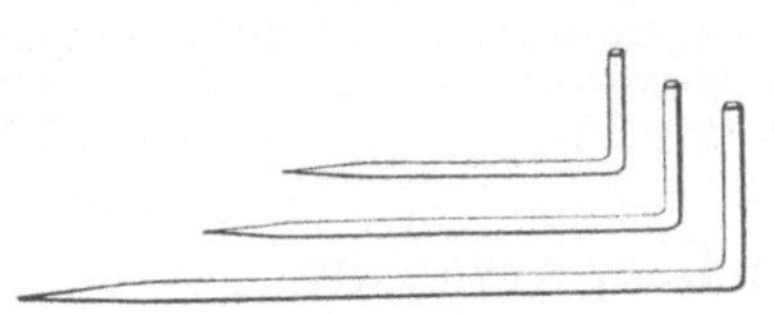

Abb. 48. Ansteckdübel.

Abb. 49. Ösenschrauben.

28. Kernkastenverschlüsse nach Abb. 51 dienen dazu, geteilte Kernkästen zu verbinden und dem Kernmacher das Zusammenschrauben der Kernkastenhälften mit der Schraubzwinge zu ersparen. Diese Kernkastenverschlüsse bestehen aus je 2 Keilführungen a und dem Keil b, welcher, damit er nicht verloren geht, mittels Kette an einer Kernkastenhälfte befestigt wird.

29. Wellblechnägel haben den Zweck, Leimfugen widerstandsfähiger zu halten. Diese Art Nägel werden in die Kopfenden der Fugen eingeschlagen.

30. Modellbuchstaben sind bekanntlich in den

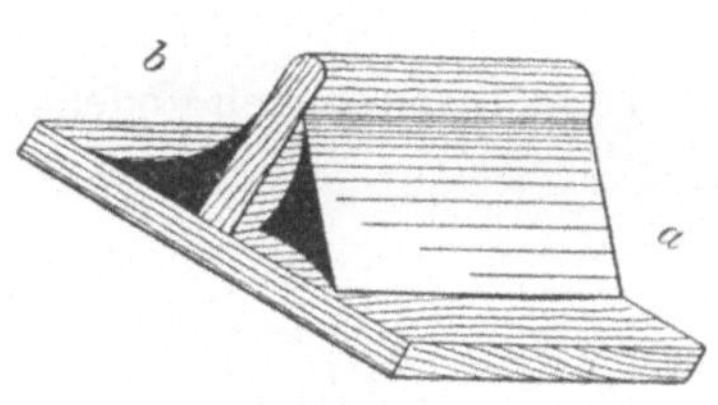

Abb. 50. Anwendung von Lederhohlkehlen.

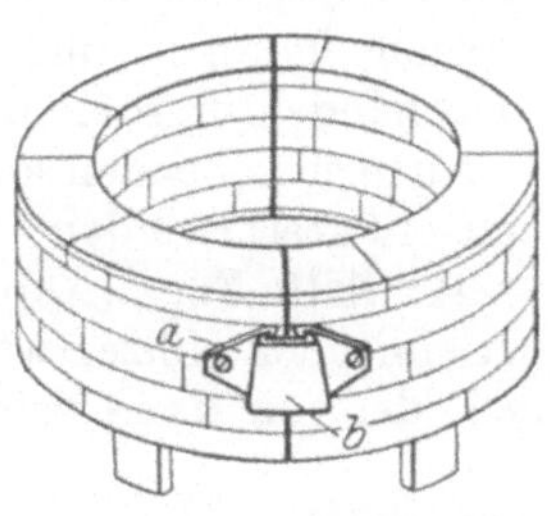

Abb. 51. Kernkastenverschluß.
a) Anschraubnasen,
b) Klammerkeil.

erschiedensten Ausführungen als Handelsware erhältlich. Leider werden gerade Modellbuchstaben noch viel zu wenig beachtet. Wenn man auf den Abgüssen die aufgegossenen Modellnummern vermeiden will, so empfiehlt es sich, die Modellnummern in den Modellhälften so tief einzulassen, daß man sie später beim Anstrich der Maschine zuspachteln kann.

G. Normenblätter für Modelle und Zubehör[1].

Leider sind bisher für den Modellbau nur drei Normenblätter erschienen. DIN 1511 Blatt 1, DIN 1511 Blatt 2 und DIN 1517.

DIN 1511 Blatt 1 gibt Aufschluß über Anstrich und Beschriftung von Holzmodellen.

DIN 1511 Blatt 2 gibt Aufschluß über Werkstoffe, Schwindmaße und Bearbeitungszugaben bei Holzmodellen (wenn auch DIN 1511/2 keine Güteklassen mehr kennt, in der Praxis jedoch kennt man sie noch).

DIN 1517 behandelt die Ausführung runder stehender — und runder liegender Kerne.

Einheitsgewichte.

Die Zahlen geben an, wieviel mal größer das Raumeinheitsgewicht des betreffenden Stoffes ist als das des Wassers. Raumeinheitsgewicht des Wassers ($= 1 \mathrm{l}$) ist 1 kg.

Aluminium	2,7	Gußeisen (DIN 1691)	7,0 ⋯ 7,3
Eisen, rein	7,88	Flußstahl	7,85
Roheisen, grau	6,6 ⋯ 7,8	Stahlformguß	7,8
Roheisen, weiß	7,0 ⋯ 7,8	Temperguß (DIN 1692)	7,2 ⋯ 7,6

[1] Normenblätter durch Beuth-Vertrieb GmbH, Berlin W 15 und Krefeld-Uerdingen.

„Einheitsgewichte" (Fortsetzung von S. 27!)

Bronze (je nach Zinngehalt)	7,4 · · · 8,9	Nickel (gegossen) . . .		8,30
Deltametall	8,6	Phosphorbronze		8,8
Glockenmetall	8,8	Platin (gegossen) . . .		21,15
Gold (gegossen)	19,25	Silber (gegossen) . . .	10,42 · · ·	10,5
Kupfer (gegossen) . . .	8,63 · · · 8,80	Zink (gegossen)		6,86
Messing (gegossen) . . .	8,4 · · · 8,7	Zinn (gegossen) . . .		7,2

III. Arbeiten der Holzmodellbauwerkstatt.

A. Holzverbindungen.

Ebenso wie der Bau- und Möbeltischler muß auch der Modellbauer Kenntnisse aller Holzverbindungen besitzen, d. h. er muß in der Lage sein, zwei oder mehrere Stücke Holz durch irgendeine Verbindung fest aneinander zu bringen.

Besonders die Haltbarkeit der Holzverbindungen ist für den Holzmodellbau von Wichtigkeit, da einmal Holzmodelle mit etwas feuchtem Formsand in Berührung kommen und anderseits oftmals Modelle in der Gießerei nicht immer so behandelt werden wie es wünschenswert wäre.

Im nachstehenden sollen die gebräuchlichsten Holzverbindungen für den Modellbau erläutert werden:

31. Glatte Fuge (Abb. 52). Die zu verleimenden Hölzer werden maschinell oder von Hand gefügt und dann

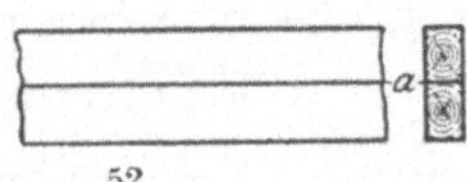

52.

Abb. 52. Glatte Holzfuge.

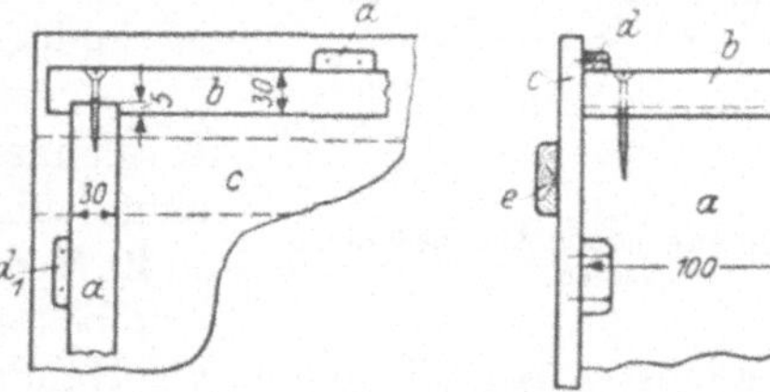

Abb. 53. Nutverbindung.

die Fugen (Flächen a) mit Leim bestrichen und einige Stunden unter die Zwinge gestellt. Bei Hartholzfugen empfiehlt es sich, die einzelnen Flächen a abzuzahnen. Diese glatte Fuge findet im gesamten Holzgewerbe Verwendung.

32. Nutverbindung (Abb. 53). Diese Verbindung findet im Modellbau besonders bei Kernkästen Verwendung, sie soll jedoch nur da angewendet werden, wo die verbundenen Stücke nochmals auf einem Aufstampfboden sitzen. a und b durch Nute verbundener Winkel, c Aufstampfboden mit Verstärkungsleiste, e, d und d_1 aufgeschraubte Führungsstücke, die verhindern, daß der Rahmen aus dem Winkel gestampft wird.

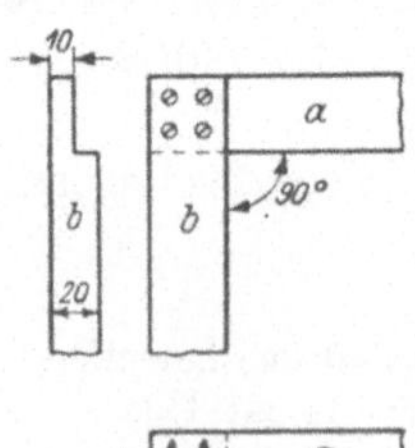

Abb. 54. Überplattung
im Winkel von 90°.

33. Überplattung im Winkel von 90° (Abb. 54). Bei Überplattungen ist das Holz immer auf die halbe Dicke abzusetzen, bei einer Holzdicke von 20 mm also auf 10 mm, wie bei den Schenkeln a und b. Diese Überplattung kann auch in jedem anderen Winkel ausgeführt werden. Im Modellbau kommt diese Verbindung nur vereinzelt vor; wo es der Fall ist, soll man sie zur Sicherheit verschrauben.

34. Schlitz- und Zapfenverbindung. (Abb. 55.) Bei Zapfenverbindungen ist Zapfen wie Schlitz stets ein Drittel der Holzdicke. Jede Zapfenverbindung muß gut schließend gehen. Ist der Zapfen zu dick, so daß man Gewalt anwenden muß, läuft man Gefahr, daß die Holzdicke a aufspringt, geht der Zapfen zu leicht, wird die Verleimung nicht halten. Zapfenverbindungen werden im Modellbau verschraubt und finden im gesamten Tischler- und Zimmergewerbe die meiste Verwendung.

35. Schwalbenschwanzverbindung (Abb. 56). Sie findet Verwendung, wenn Teil *a* in Pfeilrichtung, also auf Zug, beansprucht wird. Der Schwalbenschwanz ist in Teil *a*, die Aussparung zum Einsetzen in Teil *b*. Diese Verbindung ist eine Überplattung, nur in andrer Form, also Zapfen und Aussparung je die halbe Holzdicke.

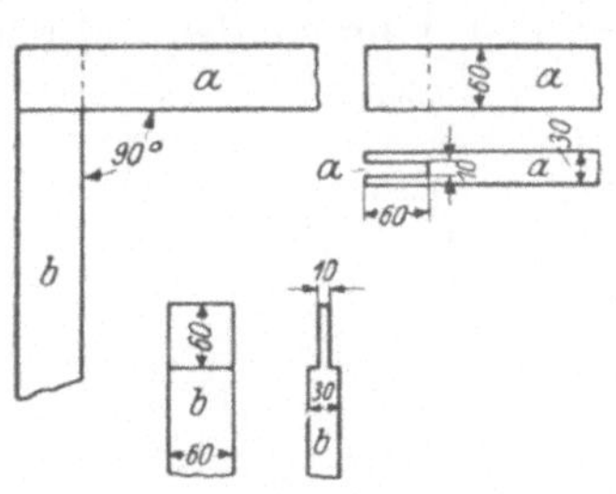

Abb. 55. Schlitz- und Zapfenverbindung.

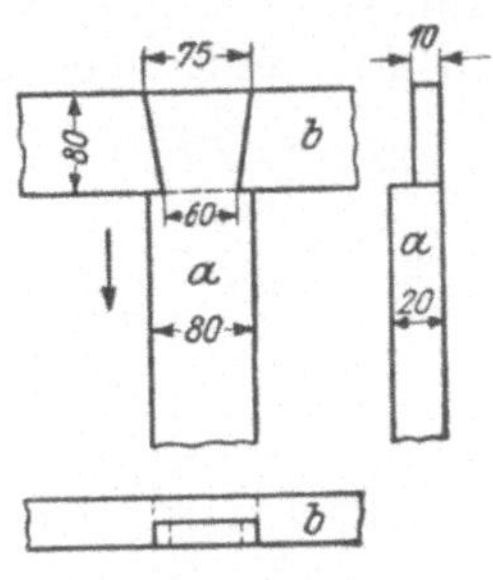

Abb. 56. Schwalbenschwanzverbindung.

36. Gradverbindung (Abb. 57). Diese findet Verwendung, wenn man breite Holzflächen (z. B. Aufstampfböden) vor dem Verziehen schützen will. Da die Gradleisten *b* nicht in die Platte *a* eingeleimt werden, ist Bedingung, daß die Leisten *b* sich stramm einkeilen. Zum Anstoßen der Schräge von 30° beiderseits der Leiste *b* bedient man sich eines Sonderhobels, des „Gradhobels". Die Vertiefung von 5 mm in der Platte *a* wird seitlich mit der „Gradsäge" auf die vorgeschriebene Tiefe eingeschnitten und dann mit dem „Grundhobel" ausgestoßen oder ausgefräst. In der Praxis stößt man auch die Gradleisten beiderseits etwas verjüngt an, damit man sie besser festkeilen kann.

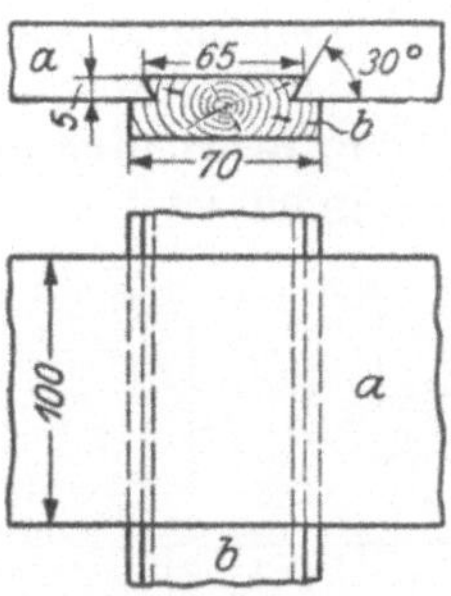

37. Keilverbindung (Abb. 58). Keilverbindungen finden als Kernkastenverschlüsse gut Verwendung, man spart dadurch das Herausdrehen der

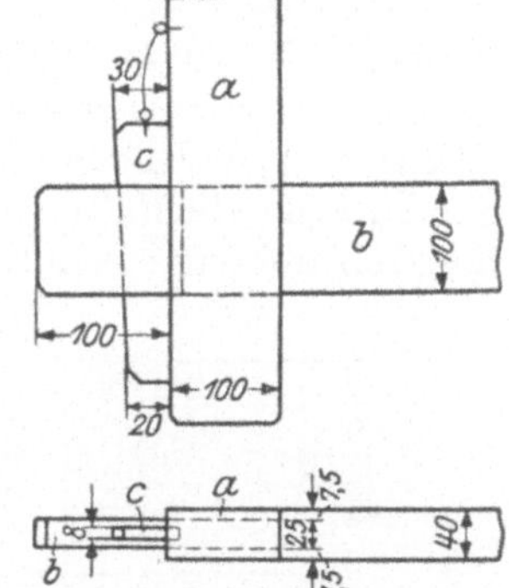

Abb. 57. Gradverbindung.

Abb. 58. Keilverbindung.

Schrauben, wie es bei Abb. 53 nötig ist. Da aber Keilverbindungen in der Herstellung teurer sind als Nutverbindungen, soll man sie nur da verwenden, wo es sich um Massenherstellung von Kernen handelt.

Keilverbindungen sind gestemmte Verbindungen, der Zapfen an *b* wird nur entsprechend länger gemacht, damit man einen Keil *c* in den Schlitz eintreiben kann. Der Zapfen wird ungefähr gleich zwei Drittel der Holzdicke gehalten. Keil *c* ist stets durch Draht oder dünne Kette an dem Stück *a* zu befestigen, damit er in der Gießerei nicht verloren geht.

38. Ringverleimung (Abb. 59). Um einen festen Halt in den Ring zu bekommen, verleimt man ihn im vorliegenden Fall aus drei Dickten von je 10 mm und jeden einzelnen Ring aus sechs Segmenten *a, b, c, d, e, f,* so daß die Stoßfugen eines Segmentes in einem Winkel von 60° gegeneinander stehen. Beim Aufeinanderleimen, der einzelnen Ringe müssen die Stoßfugen (wie punktiert gezeichnet) versetzt werden.

Ringverleimungen haben den Zweck, das Werfen des verleimten Ringes und das Erscheinen von Kopfholz, das beim Modellbau, wie schon erwähnt, möglichst vermieden werden soll, zu verhindern. Das Holz der einzelnen Segmente läuft in den angegebenen Pfeilrichtungen.

39. Ringverleimung mit Nut und Feder (Abb. 60). Dünne schwache Einzelringe muß man stets auf Nut und Feder verleimen. Zum Ring nach Abb. 60 sind sechs Segmente (*1*) und sechs Federn (*2*) erforderlich. Die einzelnen Segmente werden genau aneinander stoßend gezeichnet und dann werden auf der

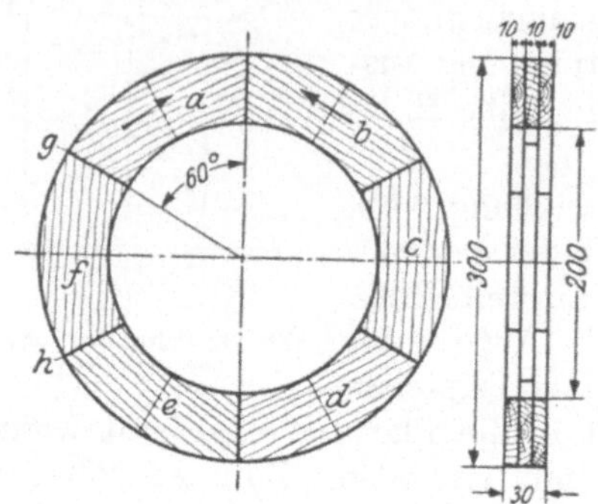

Abb. 59. Ringverleimung.

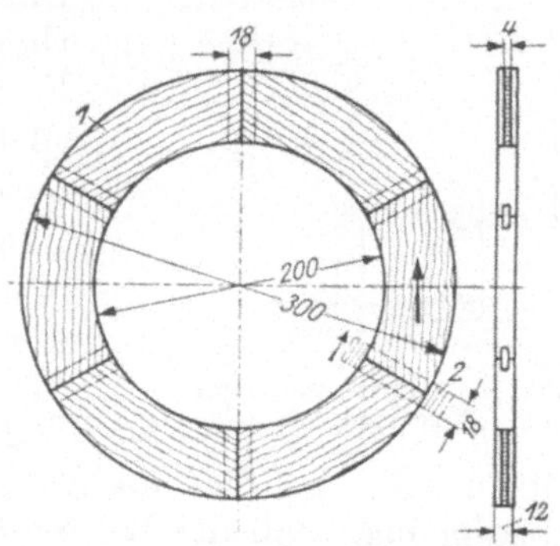

Abb. 60. Ringverleimung mittels Nut und Feder.

Kreissäge Nuten in der Breite von 4 mm gleich ein Drittel der Holzdicke eingeschnitten, auch hier läuft das Holz der Segmente und Federn in den angegebenen Pfeilrichtungen. Bei großen und hohen Ringen soll man stets den unteren und oberen Ring ebenfalls auf Nut und Feder verleimen, damit beim Bearbeiten auf der Holzdrehbank kein Segment losgeht, was mit Gefahr verbunden ist.

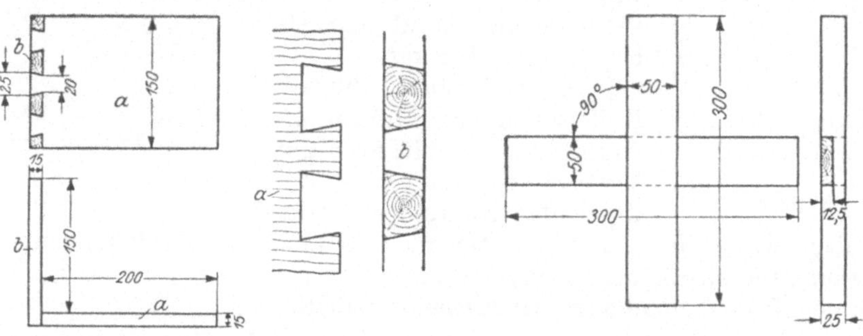

Abb. 61. Gezinkter Winkel.   Abb. 62. Überplattetes Kreuz.

40. Gezinkter Winkel (Abb. 61). Die Verzinkung zählt zu den besten Holzverbindungen. Wenn zwei verschieden lange Stücke Holz zusammen gezinkt werden sollen, so erhält stets das lange Stück *a* die Schwalbenschwänze und das kurze Stück *b* die Zinken. Bedingung bei dieser Verbindung ist, daß die Zinken sehr genau passen, da sonst die Verzinkung sehr unsauber aussieht und nicht hält, weil sie nur verleimt wird. Da diese Holzverbindung ziemlich teuer ist, verwendet man sie nur für Kernkästen, die stark beansprucht werden. Bei Modellen hingegen soll man sie möglichst vermeiden, weil zuviel Kopfholz in Erscheinung tritt.

41. Überplattete Kreuze. Abb. 62 zeigt ein *vierarmiges überplattetes* Kreuz zum Ausarbeiten von vier Riemenscheibenarmen, Abb. 63 ein *fünfarmiges Kreuz*, mit Nut und Feder zusammengesetzt. Beim Zusammensetzen dieses Armkreuzes ist darauf zu achten, daß die einzelnen Arme a genau auf $360/5 = 72°$ zusammen-laufen, b sind die Federn, welche die Verbindung mit den einzelnen Armen her-stellen. Das Holz der Federn läuft in der angegebenen Pfeilrichtung, also Kurz-holzfedern.

Abb. 64 zeigt ein *sechsarmiges überplattetes Kreuz*. Dreifache Überplattungen werden ganz selten ausgeführt. Diese Verbindung eignet sich sehr gut für sechs-armige Riemenscheibenkreuze. Beim Aufreißen der Überplattungen müssen die Mittellinien auf die drei Holzstücke a, b und c aufgetragen werden, die

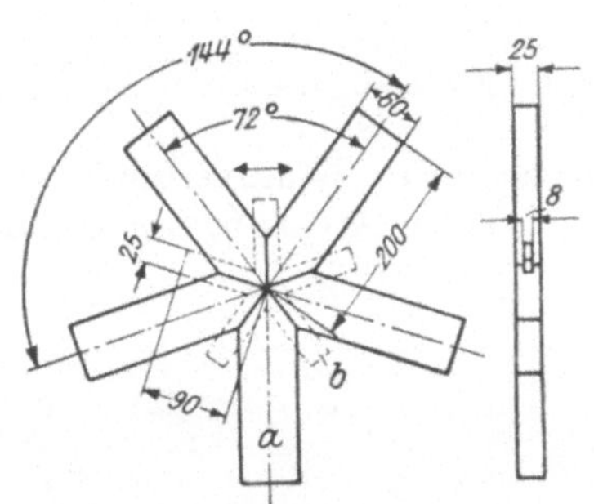

Abb. 63. Fünfarmiges Kreuz mittels Nut und Feder zusammengesetzt.

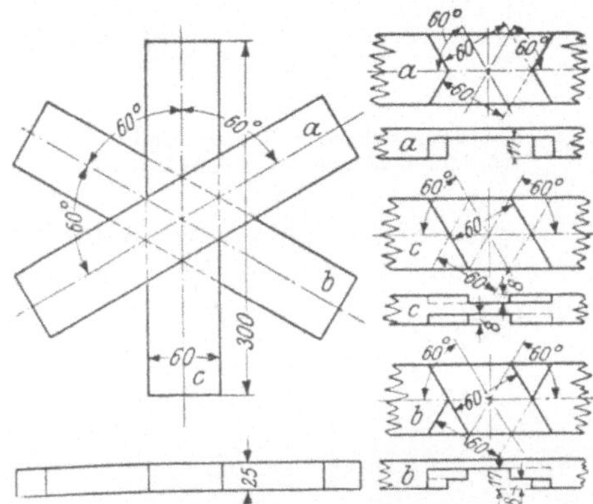

Abb. 64. Dreifache Überplattung.

ganze Einteilung beruht auf der Drittelung der Dickte und den Neigungswinkeln von 60°. Die einzelnen Stücke a, b, c dürfen nicht zu stramm ineinanderpassen, da sich sonst das Armkreuz verzieht.

Es soll nun noch kurz auf einige *Längsverbindungen* des Holzes hingewiesen werden.

Besonders bei Modelländerungsarbeiten kommt es öfter vor, daß man das eine oder andere vorhandene Stück Holz verlängern muß und darum sollen einzelne Längsverbindungen der Hölzer einmal behandelt werden. Da wäre der stumpfe Zusammenstoß nach Abb. 64 a, und da nun Hirn- auf Hirnholz keine richtige Leimverbindung gibt, wird man in die Stoßfugen starke Dübel einsetzen.

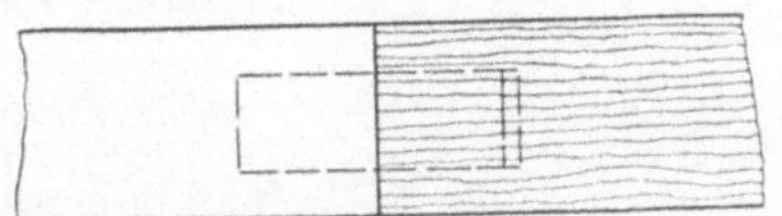

Abb. 64a. Stumpfer gedübelter Zusammenstoß.

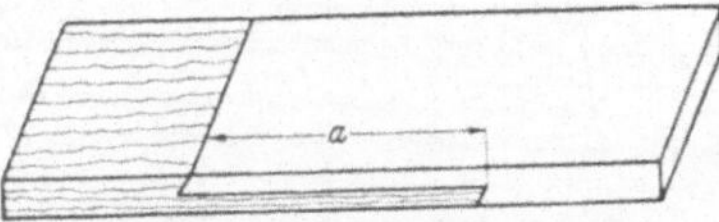

Abb. 64b. Längsüberplattung.

Abb. 64 b zeigt die bekannte Überplattung. Es muß bei der Längsüberplattung besonders darauf hingewiesen werden, daß die Blattlänge a nicht zu kurz sein darf und daß man diese Überplattung selbstredend verschraubt.

Abb. 64 c ist eine Längsverbindung durch Schlitz und Zapfen mit Schnabel-sitz. Dieser Schnabelsitz ist darum wichtig, weil er das seitliche Abweichen voll-ständig verhindert.

Die Schwalbenschwanzverbindung nach Abb. 64 d kann als sehr solide an-gesprochen werden.

Auch Segmente kann man bekanntlich ineinanderschlitzen oder überplatten, ein Verfahren, welches man auch sehr vorteilhaft bei unteren oder oberen Seg-

menten bei aus mehreren Dickten verleimten Ringen anwenden kann (das Nuten
der Stoßfugen ist natürlich billiger), oder aber wo ein Ring auseinandergenommen
werden soll.

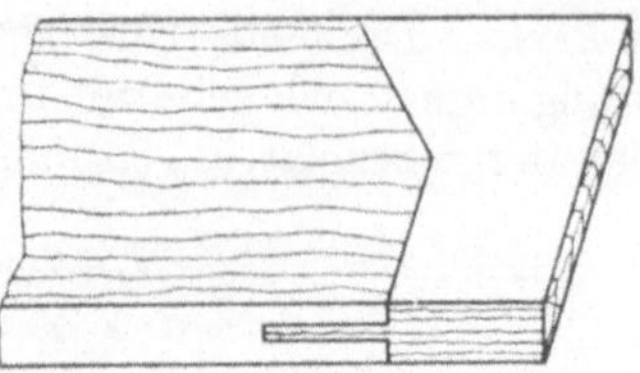

Abb. 64c. Längsverbindung durch
Schlitz und Zapfen mit Schnabelsitz.

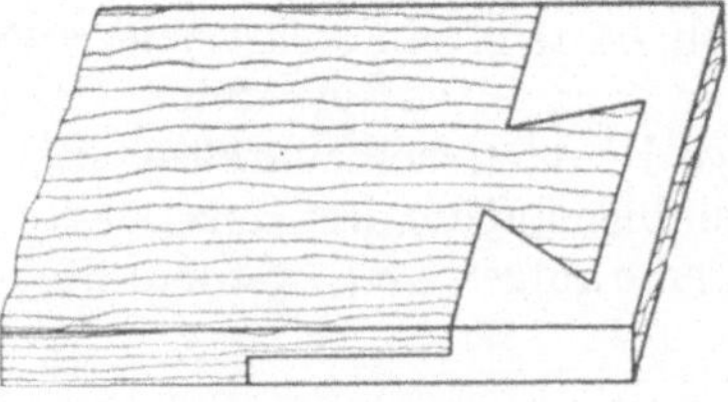

Abb. 64d. Schwalbenschwanzverbindung.

Nun gibt es noch eine ganze Reihe auseinandernehmbare Längsverbindungen,
so zeigt Abb. 64e eine Aufplattung mit Feder *b*. Diese Art Längsverbindung
kennt man auch ohne Feder.

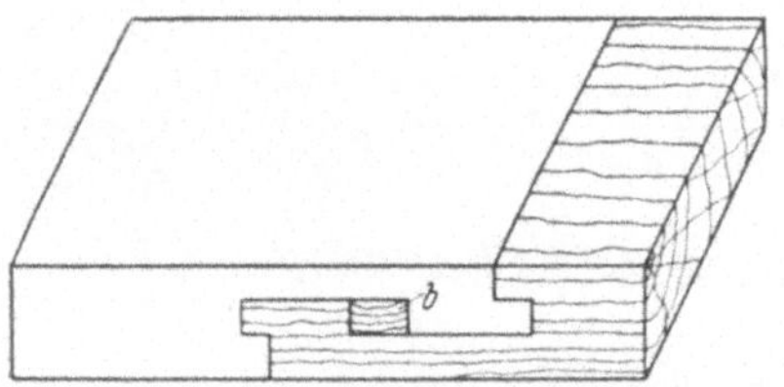

Abb. 64e. Aufplattung mit Feder.

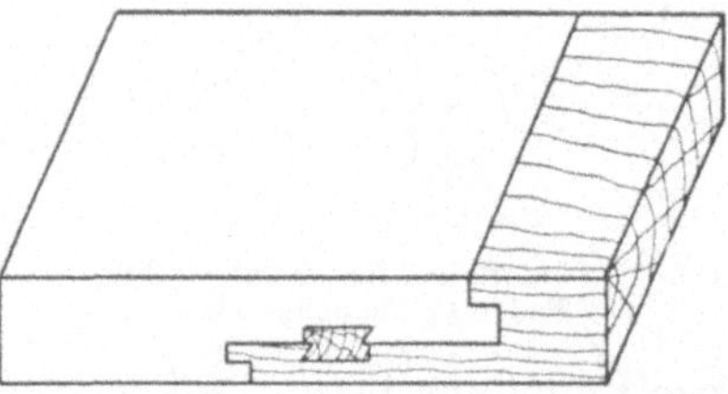

Abb. 64f. Hackenplattverbindung.

Abb. 64f zeigt eine Hackenplattverbindung, welche sich auch für eine Ge-
schicklichkeitsprüfung eignet, in der Praxis aber wenig Wert hat. Diese Längsverbindung erfordert viel Zeit, weil der Keil zwei gratförmige Kanten und die zu
verbindenden Hölzer die entsprechenden Ausschnitte haben müssen. Selbst wenn
der Keil mit Gewalt angetrieben wird, so erzielt man trotzdem nicht den gering-
sten Halt, denn die Hirnenden mit dem Vorsatz können trotzdem großen Spiel-
raum haben, da ja der Druck wieder vom Keil aufgenommen wird.

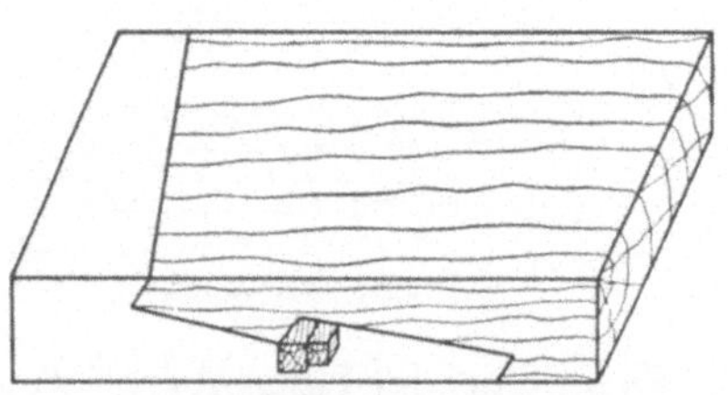

Abb. 64g. Keilverbindung.

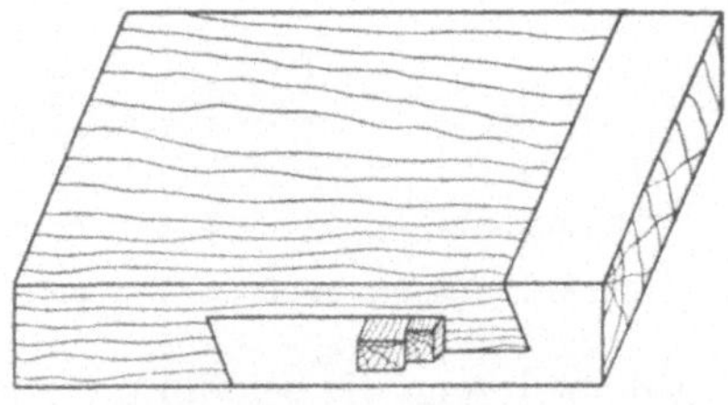

Abb. 64h. Keilverbindung.

Abb. 64g und 64h zeigen zwei Holzverbindungen, welche auch ohne Leim
absolut zuverlässig sind. Während man die Stöße nach Abb. 64e und 64f, wenn
sie nicht maschinell hergestellt sind, mit dem Simshobel nacharbeiten muß, hat
man bei Abb. 64g und 64h ein einfacheres Zusammenpassen. Man treibt die beiden Keile an, schneidet die Stöße nach und treibt dann die Keile wieder an.
Sitzen die beiden Keile fest, werden die vorstehenden Enden abgeschnitten und
verputzt.

Es gibt noch weitere Längsverbindungen, die hier aufzuführen zwecklos ist, weil sie für den Holzmodellbau kaum in Frage kommen, wie z. B. doppelseitiger Schwalbenschwanz, Kreuzzapfen usw.

Ganz zu verwerfen im Modellbau ist der stumpfe Zusammenbau, d. h. das einfache Zusammennageln der Holzteile.

42. Holzverleimungen. Beim Verleimen einzelner Hölzer ist besonders Wert darauf zu legen, daß der Leim gut warm ist. Die aufeinander zu leimenden Stücke Holz sollen auf der Aufleimfläche gezahnt und auf der Wärmeplatte angewärmt werden; dieses ist besonders im Winter erforderlich, da der Leim, wenn er aufgetragen ist, sofort eine Schicht auf der Oberfläche bekommt, also erkaltet, was für eine Leimung selbstredend nicht von Vorteil sein kann.

Leimtiegel sind stets im Wasserbehälter zu erwärmen.

Jede Leimfuge soll gespannt, also unter Druck gesetzt werden. In der Regel genügen zwei bis drei Stunden, denn sobald die Leimfuge gut angewärmt und der Leim selbst richtig warm ist, ist die Verbindung sofort nach dem Erkalten des Leimes hergestellt. Leimfugen dürfen nie erhaben, sondern müssen stets etwas hohl sein, werden also zwei Bretter aufeinander gefügt, so müssen die äußeren Kanten stets aufsitzen.

Auch ist Kopfholz soweit wie möglich zu vermeiden, weshalb man im Holzmodellbau die Segmentverleimung sehr viel findet. Runde Scheiben, Ringe und Segmentstücke werden so verleimt. Regel im Tischlerberuf ist es, stets die Holzfaser in der Längsrichtung zu nehmen. Ist also ein Brett von 700 mm Länge und 500 mm Breite zu verleimen, so sind die einzelnen Hölzer 700 mm lang zuzuschneiden, Längenmaß des zu verleimenden Brettes ist stets Längenmaß des Holzes.

B. Schwindmaßzugabe für Modelle.

Da Eisen und Metalle sich beim Erstarren zusammenziehen, müssen die Modelle entsprechend dieser Schwindung größer gehalten werden. Dieses Übermaß, das Schwindmaß heißt, ist für die einzelnen Metalle sehr verschieden. Es muß daher dem Modellbauer auf der Zeichnung der Werkstoff angegeben werden, aus dem der Abguß hergestellt werden soll, weil er danach sein Schwindmaß annehmen muß.

Das Schwindmaß beträgt nach DIN 1511 Blatt 2 für:

Gußeisen	1%	Bronze, Messing, Rotguß	1,5%
Temperguß 0 bis 2,5% (siehe DIN 1692)		Sondermessing	2%
		Zinn	0,5%
Stahlguß	2%	Zink	1,5%
Aluminium- und Magnesiumlegierungen	1,25%	Blei	1,%

Wohl sind die Schwindmaße genauer ausgerechnet; so wird Gußeisen mit 1,04%, Stahlguß mit 1,53% usw. angegeben, doch lassen sich in der Praxis derartige Angaben nicht verwenden. Man stelle sich vor, ein Modellbauer habe ein Zylindermodell anzufertigen, zu dessen Herstellung die Zeichnungen vielleicht 200 Maße enthalten. Soll der Modellbauer nun etwa diese Maße alle mit 1,04 multiplizieren? Er soll von der Zeichnung seine Maße ablesen und unmittelbar mit Hilfe des Maßstabes übertragen, im Handel befinden sich aber fast nur Schwindmaßstäbe für 1%, $1^{1}/_{2}$% und 2%.

C. Allgemeine Bemerkungen zur Modellherstellung.

43. Befestigung loser Modellteile. Lose Modellteile, die unumgänglich sind, können verschieden angesteckt werden, Pflicht ist jedoch, den betreffenden Modellteil so zu befestigen, daß er sich beim Aufstampfen nicht versetzen kann, und daß dem Former beim Einziehen in die Form keine Schwierigkeiten entstehen.

Abb. 65/I zeigt ein am Modell lose angebrachtes Auge a für eine Schraube. Dieses Auge ist an die Rundung angepaßt und durch eine Schwalbenschwanzführung b am Modell befestigt, Stift oder Ösenschraube f (Abb. 48/49) sorgt, daß der lose Modellteil beim Befördern nicht verloren geht.

II zeigt den losen Modellteil a mit Schwalbenschwanzführung b und Ansteckstift f.

III zeigt die richtige Führung im Schnitt, IV dieselbe mit Gradführung. Die Praxis hat gelehrt, daß Gradführungen an losen Modellteilen sich nicht bewähren, denn setzt sich in der Kante e Sand fest, so schneidet der Former in der Regel die schräge Fläche der Führung mit dem Taschenmesser ab, die Folge ist, daß die genaue Führung verloren geht.

Die Befestigung loser Modellteile nach Abb. 65 I $\cdots$ III hat sich in der Praxis gut bewährt. Eine Hauptbedingung ist jedoch noch, daß alle losen Modellteile richtig nach DIN 1511 Blatt 1 gezeichnet sind, am besten noch mit eingeschlagenen Zahlen oder Buchstaben wie bei I.

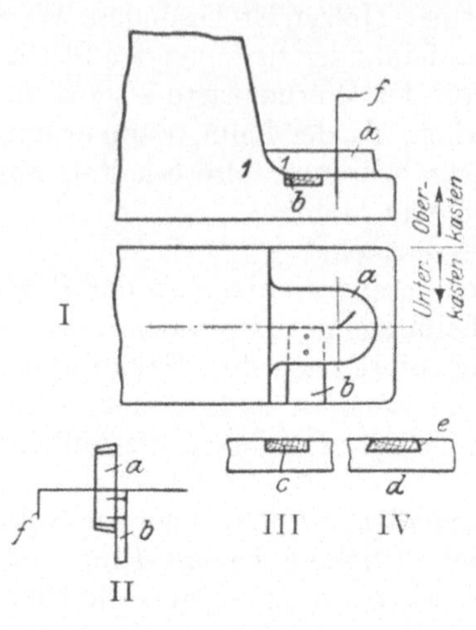

Abb. 65. Anstecken loser Modellteile.

44. Kernschlüssel. Kernschlüssel oder Kernsicherungen haben den Zweck, Kerne beim Einlegen in die Form in die richtige Lage zu bringen, damit der Former sie nicht falsch einlegt, wenn gewisse Umstände ihn irreführen können.

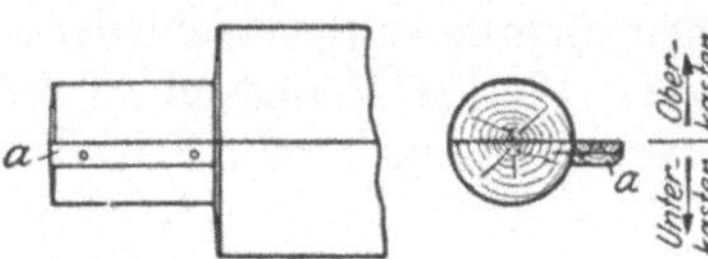

Abb. 66. Kernführung mit Lappen.

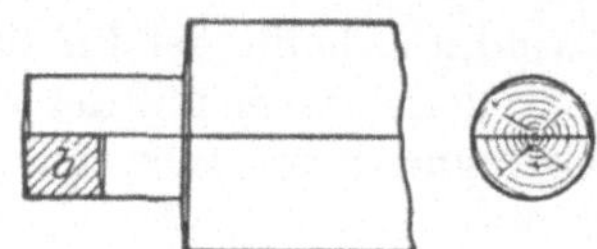

Abb. 67. Kernführung mit abgesetzter Kernmarke.

Abb. 66 zeigt eine Kernführung durch Lappen a, Abb. 67 eine abgesetzte Kernmarke, indem von der im Unterkasten liegenden Kernmarkenhälfte das Stück b abgeschnitten ist, und Abb. 68 eine Kernführung mit abgeschrägter Kernmarke c.

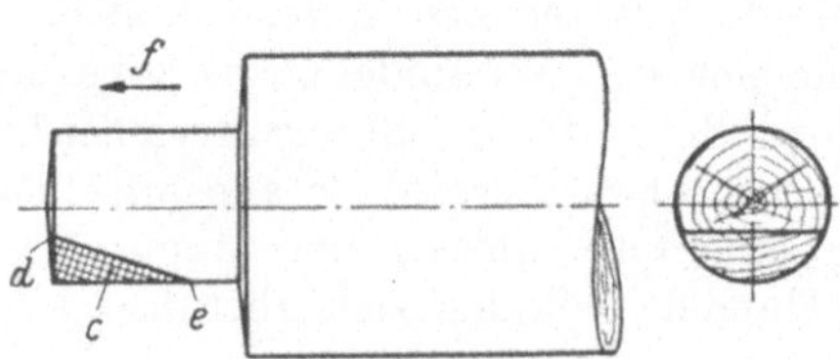

Abb. 68. Kernführung mit abgeschrägter Kernmarke.

Die Kernführung nach Abb. 66 ist nicht zu empfehlen, weil sie unnötige Arbeit macht, denn der Lappen a muß an der unteren Kernmarkenhälfte gut angepaßt und durch Schrauben befestigt werden, wenn er überhaupt halten soll. Außerdem muß die Form vom Lappen a im Kernkasten ausgestochen werden.

Die Lösung von Abb. 67 ist die richtige und sehr einfach: Man schneidet die im Unterkasten sitzende Kernmarkenhälfte um die schraffierte Fläche b kürzer und setzt dieses Stück in den Kernkasten ein. Ganz zu verwerfen ist die Ausführung nach Abb. 68, also mit abgeschrägter Kante *d—e*, wobei der schraffierte Teil *c* an der Kernmarke abgeschnitten und in den Kernkasten eingesetzt wird. Die Kanten *d* und *e* werden im Kern niemals scharf ausfallen, so daß sich der Kern ohne weiteres in der Pfeilrichtung *f* verschieben könnte.

45. Aufeinanderdübeln von Kernkastenhälften. Abb. 69/I zeigt zwei aufeinandergedübelte Kernkastenhälften, wobei in der oberen Hälfte die Dübellöcher durchgebohrt sind. Das soll den Zweck haben, daß der Kernmacher, falls sich Sand in die Dübellöcher setzt, ihn mit Draht oder Stift ausstoßen kann. Auch hier handelt es sich jedoch um ein veraltetes Verfahren. Kernkästen leiden im

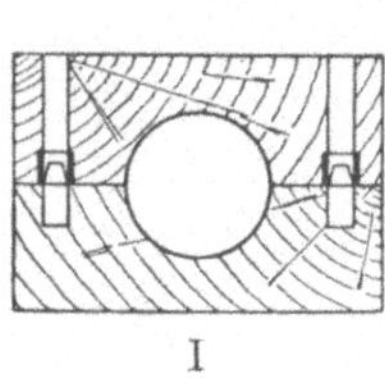
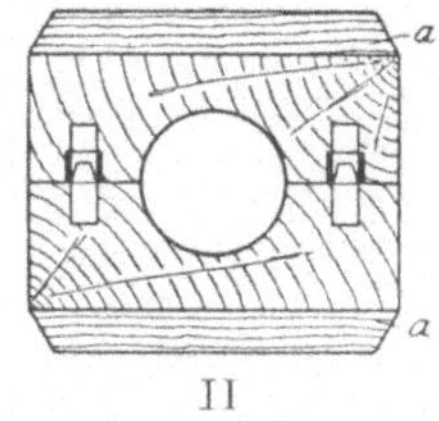
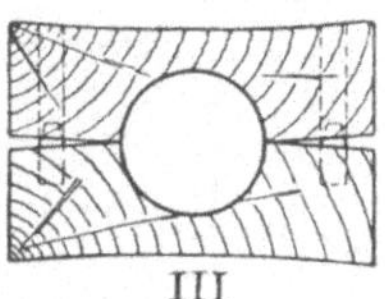

Abb. 69. Aufeinanderdübeln von Kernkastenhälften.

Gebrauch sehr, da der Kernmacher jeden Kern, sobald er aufgestampft ist, losklopft, indem er von außen mit dem Hammer auf den Kernkasten schlägt, damit sich der Kern lockert. Das verlangt eine starre, feste Bauart der Kernkästen, und aus diesem Grunde verstärkt man die Kernkästen von außen, indem man Verstärkungen aufleimt, und zwar so, daß das Holz der Verstärkungen *a* in entgegengesetzter Richtung läuft, wie das Holz des eigentlichen Kernkastens (Abb. 69/II). Diese Verstärkungen erschweren das Durchbohren der Dübellöcher. Verstärkt man die Kernkästen dagegen nicht, so läuft man Gefahr, daß sich der Kernkasten verzieht, also klafft wie in Abb. 69/III.

Wenn die Möglichkeit, daß die Dübellöcher sich mit Sand vollstopfen können, wirklich das Durchbohren der Löcher forderte, so müßten vor allem an den Modellhälften, in denen die Dübelhülsen sitzen, die Löcher durchgebohrt werden. Das ist aber natürlich nicht angängig, weil beim Aufstampfen des Modells sich die Löcher sofort wieder mit Sand füllen würden. In der Praxis bohrt man zweckmäßig die Dübellöcher wie bei II einfach etwas tiefer.

IV. Modelle von einfachen Werkstücken.

A. Modelle von Lagerbüchsen und Lagerschalen.

46. Einfache Lagerbüchsen (Abb. 70). I zeigt eine Büchse mit glattem, II eine mit abgesetztem Kern. Das Modell (Abb. 71) ist für beide Büchsen dasselbe, nur die Kerne (Abb. 72) sind verschieden. Glatte Kerne werden auf Kernmaschinen hergestellt in von 5 zu 5 mm steigenden Durchmessern. Für Bearbeitung muß am Modell entsprechend zugegeben werden, außer-

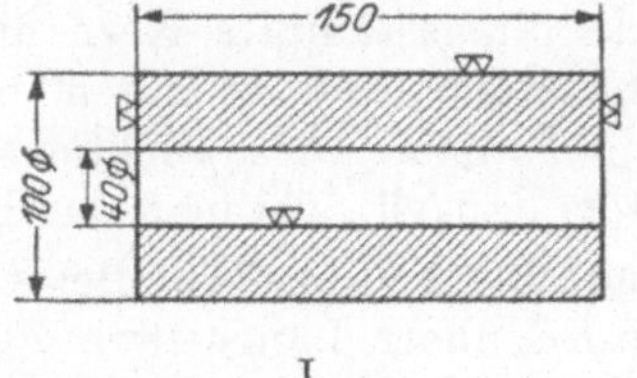
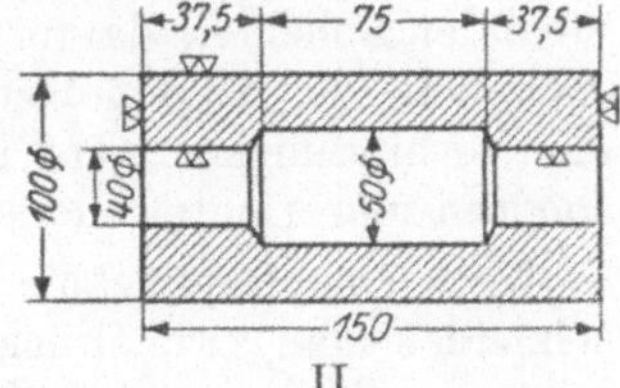

Abb. 70. Lagerbüchsen.

dem wird das Modell der Formrichtung entsprechend verjüngt gehalten. Die Kernmarken *c* der Modellhälften *a* und *b* (Abb. 71) dienen dazu, die in

Sand hergestellten und getrockneten Kerne aufzunehmen, sind also Kernlagerungen.

Aussparungen der Bohrung müssen, wie schon früher erwähnt wurde, genügend groß sein, 8 · · · 10 mm im Durchmesser wäre das Mindestmaß. Im Vergleich der Maße von Abb. 70/I/II gegenüber Abb. 71 findet man die Zugabe für die Bearbeitung. Sie richtet sich ganz nach der Größe des Gußstückes wie nach dem in Frage kommenden Arbeitsverfahren. Doch muß man unbedingt vermeiden, daß Dreh- oder Hobelstähle usw. infolge zu knapper Zugabe auf der Gußkruste

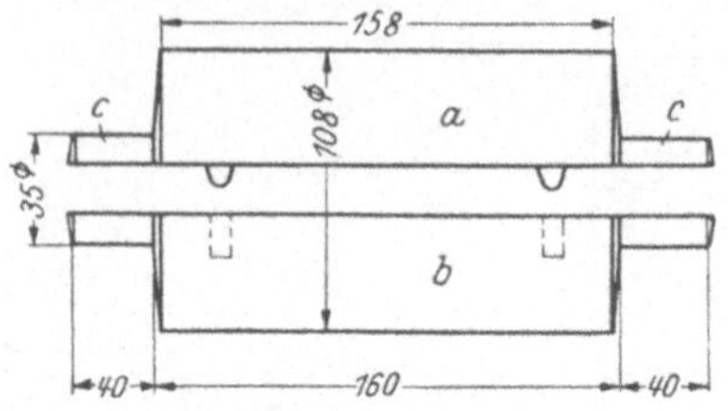

Abb. 71. Modell zu Abb. 70/I und II.

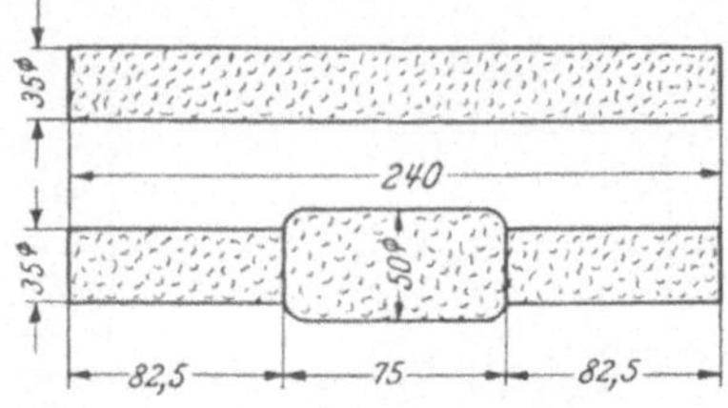

Abb. 72. Kerne zum Gußstück Abb. 70/I und II.

herumkratzen, weil dabei nur die Schneide leidet und eine saubere Arbeit nicht erzielt wird, es muß so viel Stoff zum Bearbeiten vorhanden sein, daß das Werkzeug im vollen Fleisch ansetzen kann. Bei einem glatten Gußstück, wie Abb. 70/I oder II, werden 8 mm im Durchmesser, also 4 mm auf der Fläche, vollständig

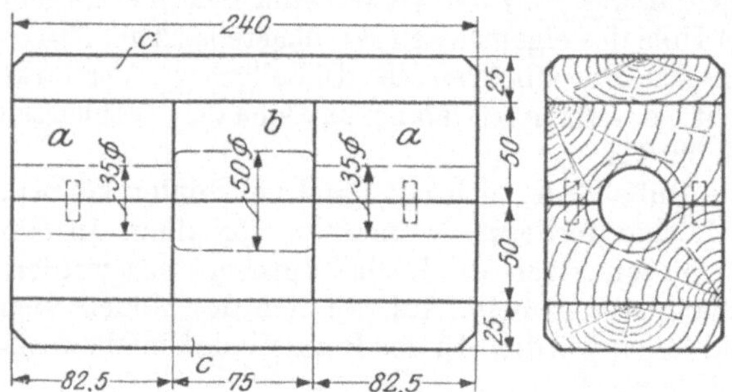

Abb. 73. Kernkasten zum Kern Abb. 70/II.

genügen. Bei einer Bohrung von 40 mm genügen 5 mm Bearbeitungszugabe beim Durchmesser.

Abb. 73 ist der Kernkasten zum ausgesparten Kern. Er besteht aus den gleichen äußeren Stücken a, dem Mittelstück b und den Verstärkungsbrettern c. Die beiden zusammengedübelten äußeren Stücke a werden auf 35 mm $\varnothing$, die beiden mittleren Stücke b auf

50 mm $\varnothing$ maschinell oder von Hand ausgearbeitet. Nach der Bearbeitung werden die halben Kernkastenteile zusammengeleimt und als Verstärkung die Bretter c aufgeleimt. Die Länge des Kernkastens 240 mm entspricht genau der Länge des Modells 160 mm + 2 × 40 mm als Kernmarkenlänge = 240 mm. Es ist bei geteilten Kernkästen stets darauf zu achten, daß sich beide Hälften gut voneinander abheben, damit der aufgestampfte Kern nicht darunter leidet. Die Holzdicke der beiden Kernkastenhälften ist mit 50 mm angegeben, die Dicke der Verbindungsbretter c mit 25 mm. Diese Dickten sind jedoch nicht bindend, sondern man richtet sich stets danach, wie man das Holz zur Verfügung hat.

47. Kleine Lagerschale mit Bund (Abb. 74). Bei Anfertigung dieses Modells schneidet man zwei Stücke Erlenholz, Länge etwa 200 mm, Breite ∼ 135 und Dicke ∼ 70 mm zu, streicht an den beiden Enden etwas Leim auf und preßt die Stücke mit Schraubzwinge zusammen. Die Fuge liegt auf der Linie A—A die Radien jedoch 1,5 mm tiefer. Wenn zwei Teile so aufeinander geleimt werden, geschieht es, um sie an der Fuge wieder trennen zu können, sobald das Stück bearbeitet ist. Zu diesem Zwecke schneidet man die Enden ab und die Hälften fallen auseinander. Die beiden aufeinander geleimten Stücke Holz werden auf der Drehbank nach Abb. 74/II bearbeitet. Beim Aufspannen des Werkstückes spannt man 1,5 mm unter der Fuge $A—A$ zwischen Körner und Dreizack und erzielt damit, daß nach der Bearbeitung die eine Hälfte C 1,5 mm stärker ist, was zum Schleifen des Gußstückes genügt. Würde man Körner und Dreizack genau auf der Fuge einsetzen, wäre man nach dem Sprengen des gedrehten Werkstückes gezwungen, die Bearbeitungszugabe, in diesem Fall 1,5 mm auf die benutzte Hälfte aufzuleimen, da ja beide Hälften B und C des Werkstückes dann gleich wären. Das erforderte natürlich Zeit.

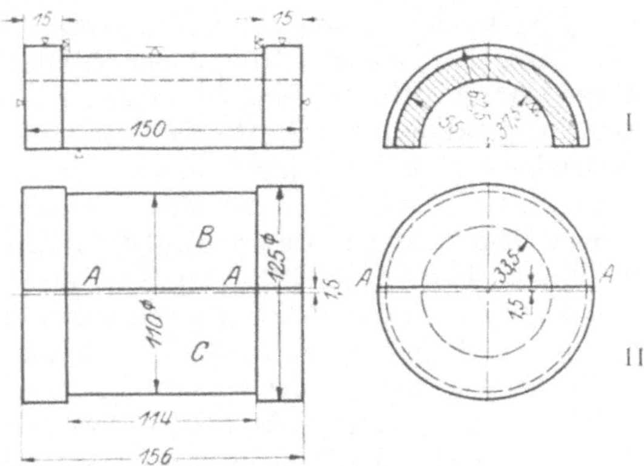

Abb. 74. Kleine Lagerschale mit Bund.

Ist die Büchse gedreht, wird 1,5 mm unter der Fuge der Bohrungsradius 37,5 — 4 mm Bearbeitungszugabe = 33,5 mm eingesetzt und die Modellhälfte C mit dem Hohlkehlhobel ausgekehlt. Die obere Hälfte B ist also Abfall und als Verschnitt zu verrechnen.

48. Halbe große Lagerschale mit Bund (Abb. 75). Hier soll gezeigt werden, wie größere Modelle von halben Lagerschalen gebaut werden. Das Modell setzt sich zusammen aus den beiden halben Ringen a (Abb. 75/I) und dem Mittelstück b; bei II sehen wir den Zusammenbau des Mittelstücks. Es wird zusammengesetzt aus den sechs Dauben b, die im Winkel von 30° gegeneinander zusammengefügt sind.

Beim Verleimen des Mittelstückes als massiver Klotz kämen = 0,0042 m³ Holz in Frage, bei Daubenverleimung, wie II, nur = 0,0028 m³. Nun kann in diesem Fall von Ersparnis keine Rede sein, da die Daubenverleimung wieder etwas mehr Arbeitszeit erfordert, vielmehr kommt es darauf

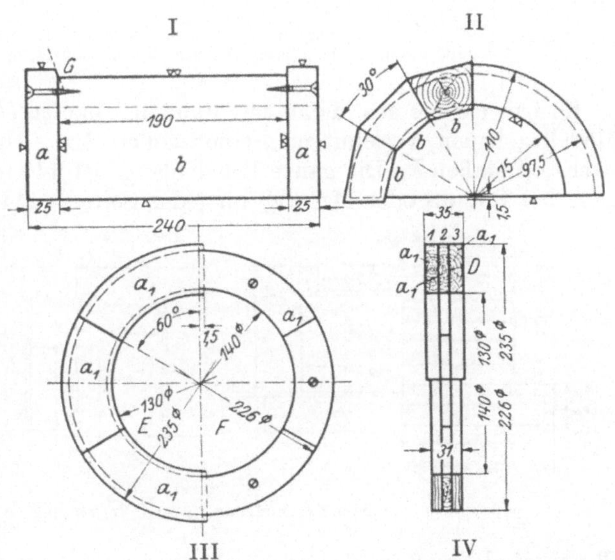

Abb. 75. Halbe große Lagerschale mit Bund.

an, ein Modell zu bauen, das sich beim Einformen nicht wirft, also stehen bleibt. Sind die sechs Dauben zusammengefügt, werden die in Frage kommenden Radien aufgetragen unter Berücksichtigung der Bearbeitungszugabe: die Länge des Mittelstücks wird also 190 — 6 mm Bearbeitungszugabe = 184 mm, Bohrungsradius

75 — 5 mm = 70 mm, äußerer Radius 97,5 + 3,5 = 101 mm. Auch hier liegt der Stichpunkt der Radien 1,5 mm höher, damit beim Modell die Bearbeitungszugabe zum Schleifen der halben Schale vorhanden ist.

Die beiden halben Endringe a werden aus einem aus drei Dickten aufeinander geleimten Ring (Abb. 75/III/IV) gewonnen, die einzelnen Ringe 1, 2 und 3 werden aus je sechs Segmenten zusammengesetzt. Fläche D dient als Aufspannfläche beim Abdrehen, das von Ring 1 aus geschieht. Da das Fertigmaß 31 mm in der Dicke beträgt, wird der Ring 4 mm dicker, also 35 mm dick, verleimt. Die einzelnen Ringdickten betragen: Ring $1 = 15$ mm, Ring $2 = 10$ mm, Ring $3 = 10$ mm, so daß beim Abdrehen Ring 1 noch 11 mm wird. Der Ring wird nach dem Drehen auch wieder 1,5 mm über der Mitte durchgeschnitten, so daß die Hälfte E das genaue Modellmaß hat, während auf die Hälfte F 3 mm aufgeleimt werden müssen, um hier auch auf das Maß 1,5 mm über der Mitte zu kommen. Bei IV sehen wir in der unteren Hälfte den fertig gedrehten Modellring, in der oberen Hälfte den verleimten Modellring unter Berücksichtigung der Zugabe zum Abdrehen.

Die halben Ringe werden nun auf die Stirnflächen des Mittelstückes (Abb. 75/I) aufgeleimt und verschraubt und die Kante G etwas abgeschrägt.

Abb. 75/I sind Fertigmaße des Gußstückes, das übrige sind Modellmaße.

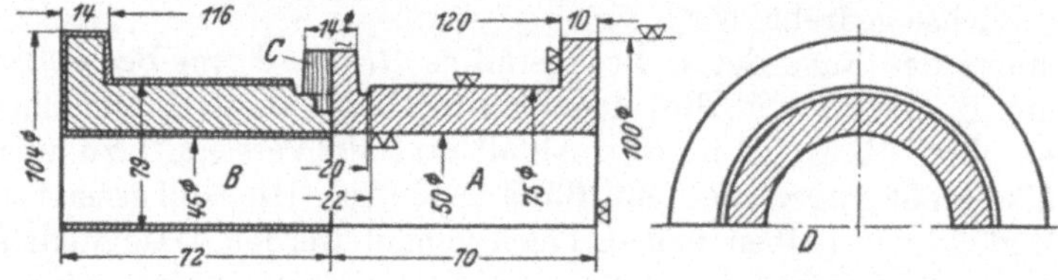

Abb. 76. Lagerschale mit Bund und Zapfen.
A Schnitt durch die bearbeitete Büchse, B Modellaufriß, C Zapfen, D Seitenansicht.

49. Lagerschale aus Metall mit Bund und Zapfen (Abb. 76). Um ein derartiges Modell zu bauen, verleimt man einen vollen Ring (Abb. 77 E) und bearbeitet ihn nach den Maßen F. Die ganze Schalenlänge ist 140 mm Fertigmaß + 2 mm Zugabe bei Rotguß oder Messing auf jeder Seite = 144 mm. Der Ring wird also

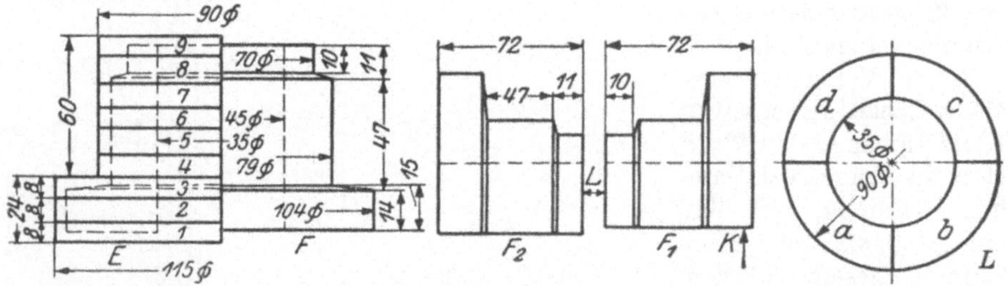

Abb. 77. Modellaufriß und Verleimung zu Abb. 76.

72 mm Modellmaß hoch und wird aus verschiedenen einzelnen Ringen aus je vier Segmenten a—b—c—d (L) zusammengeleimt. Die Zahl der Einzelringe ist 9 (E), der innere Durchmesser ist bei allen 35 mm, der äußere Durchmesser bei den Ringen $1 \cdots 3 = 115$ mm, bei $4 \cdots 9 = 90$ mm. Die Ringe $1 \cdots 3$ müssen größer sein, da aus ihnen der Bund gedreht wird. Ist der verleimte Ring E nach den F-Maßen gedreht, so wird er durchgeschnitten und nach F_1 und F_2 zusammengesetzt. Da nun die Lagerschale in der Mitte, also auf der unteren Fläche, be-

arbeitet wird, muß 1 mm zum Schleifen oder 2 mm zum Abfräsen zugegeben werden. Wird nun der gedrehte Ring in der Mitte durchgeschnitten, so ist jede Hälfte durch den halben Sägenschnitt schon unter Maß. Der Modellbauer verfährt nun wieder folgendermaßen: er schneidet den Ring so durch, daß auf der Hälfte F_2 bereits Übermaß vorhanden ist, und leimt auf die Hälfte F_1 bei K dementsprechend auf, ferner leimt er die beiden Hälften bei L zusammen. Zapfen C Abb. 76 wird in der Praxis nicht bearbeitet, er hat lediglich den Zweck, die Schale, wenn sie eingebaut ist, am Drehen zu hindern. Im Modell wird Zapfen C mit einem angedrehten kleinen Zapfen befestigt.

B. Hebelmodelle.

50. Winkelhebel (Abb. 78—80). Abb. 78 Werkstattzeichnung: Bearbeitet werden die Nabenflächen und die Bohrungen. Abb. 79 Modell. Nur die 50er Bohrung wird vorgegossen, und das Modell erhält demgemäß die Kernmarke. Die beiden 30er Bohrungen werden nicht vorgegossen, weil der Vorreißer dann die Mittelpunkte leichter anreißen kann, und weil außerdem die ganze Bearbeitung dadurch billiger wird. Würden die beiden Stichpunkte b und c z. B. im Rohguß ein 20er

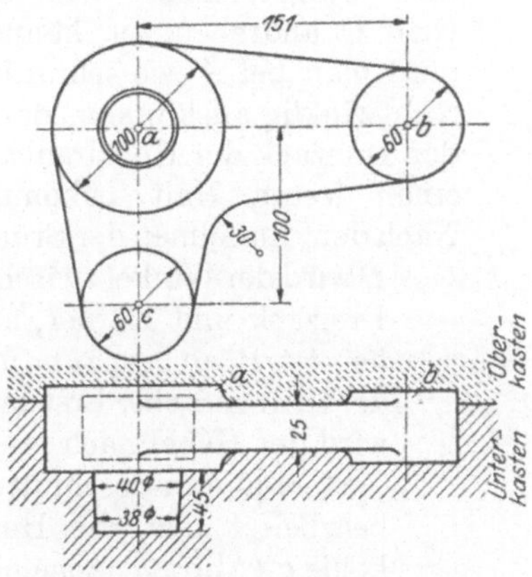

Abb. 78. Winkelhebel.

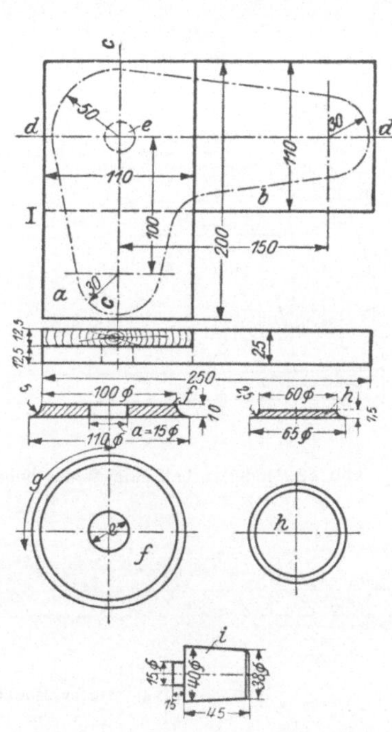

Abb. 79. Eingeformtes Modell.

Abb. 80. Zusammenbau des Modells Abb. 79.

Loch haben, müßten die Bohrungen genau nach Anriß mit dem Stahl ausgedreht werden. Fehlt hingegen das eingegossene Loch, kann mit dem Spiralbohrer gebohrt werden. Abb. 80 zeigt den Modellaufbau: ein überplatteter Winkel. Die Mittellinien c—c und d—d werden beiderseits aufgetragen, die Umrisse des Modelles, wie punktiert, aufgezeichnet, ausgeschnitten und verputzt. Loch e von 15 mm ∅ wird von einer Seite bis zur Hälfte eingebohrt. Von den beiden Scheiben f mit angedrehter Hohlkehle hat eine ein Zapfenloch von 15 mm, und zwar diejenige, die unten gegen den Winkel geleimt wird. Die Hohlkehle wird nach dem Aufleimen bei g abgefeilt. Auch von den vier Scheiben h mit angedrehter Hohlkehle wird nach dem Aufleimen die überstehende Hohlkehle abgenommen. Die Kernmarke i wird mit ihrem angedrehten Zapfen in die aufgeleimte Scheibe f mit dem 15er Loch eingeleimt und greift mit ihrem Zapfen noch in das Loch des überplatteten Winkels. Da der Hebel beim Lochdurchbruch nur 45 mm dick ist, genügt eine einseitig aufgesetzte Kernmarke von gleicher Länge.

Die Kastenteilung des eingeformten Modells ist in Abb. 79 angegeben. Die oberen Scheiben a, b und c sitzen also im Oberkasten, und man wird sie, um besser aufstampfen zu können, am Modell aufdübeln.

51. Winkelhebel mit angedrehtem Griff (Abb. 81—83). Das Modell gleicht der Abb. 79, nur mit dem Unterschied, daß die Scheiben H und I in der Dicke Bearbeitungszugabe haben müssen, wie schraffiert angegeben, so daß im Modell die Gesamtdicke an den Augen nicht 30 mm, sondern 35 mm ist (Abb. 81).

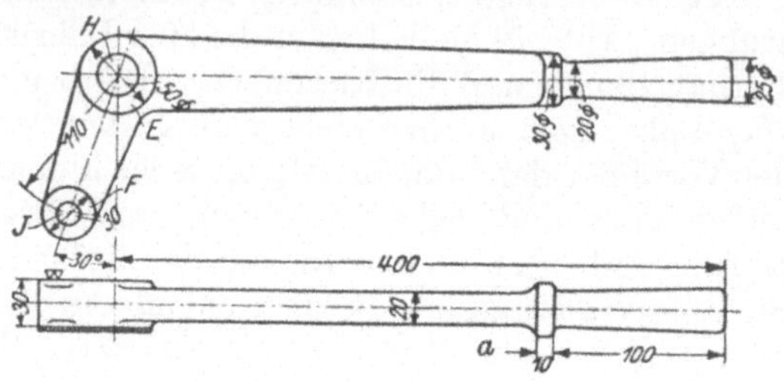

Abb. 82 zeigt den Modellaufbau. Das Modell ist ein zusammengeplatteter stumpfer Winkel, am langen Schenkel um die Stücke D auf 40 mm verdickt, um den Griff C andrehen zu können. Ist der stumpfe Winkel in einer Stärke von 20 mm überplattet, so werden die Mittellinien A—B und E—F aufgetragen und wie punktiert aufgezeichnet. Um den Griff C andrehen zu können, muß man bei A wie schraffiert rechtwinklig ausklinken, damit der Dreizack der Holzdrehbank einen festen Halt bekommt. Nach dem Aufleimen der Stücke D wird der Winkel zwischen Dreizack und Körner, also bei A—B, eingespannt und der Griff gedreht. Erst dann wird der Hebel nach punktierter Linie ausgeschnitten, bearbeitet und die Hohlkehle a (Abb. 83) angefeilt.

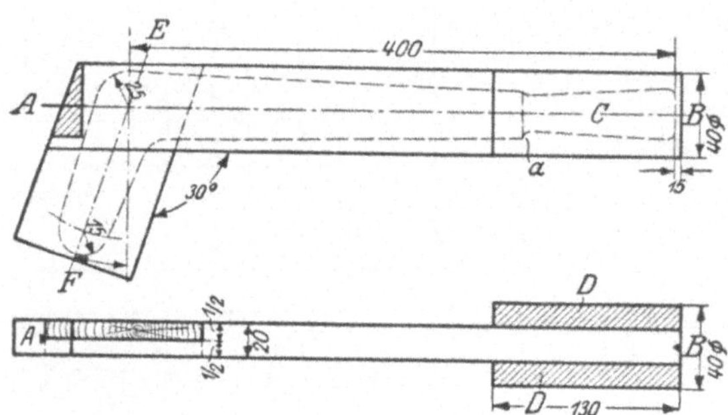

Abb. 82. Modellaufbau zum Winkelhebel nach Abb. 81.

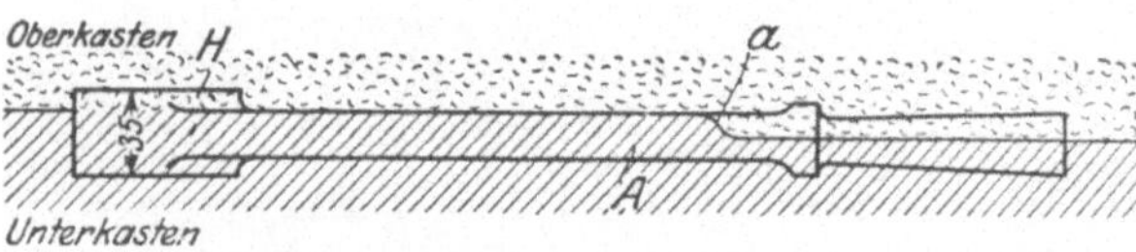

Abb. 83. Eingeformtes Modell zu Abb. 82.

Abb. 83 zeigt das Modell eingeformt, hier ist der Unterkasten bei a von Oberkante der Hebelfläche nach Mitte Griff angeschnitten, die oben sitzende Scheibe H wird am Modell aufgedübelt.

52. Gekröpfter Hebel (Abb. 84 und 85). An dem Abguß werden nur die beiden Stirnflächen der Nabe und das Loch von 25 mm $\varnothing$ bearbeitet. Das Modell entspricht also genau Abb. 84, nur daß das Maß A anstatt 30 mm durch die Bearbeitungszugabe 35 mm wird, indem man die beiden Scheiben a statt 5 mm 7,5 mm dick macht. Abb. 85 zeigt den Aufbau des Modells.

Um in der Richtung *D—D* kein Kurzholz zu bekommen, dem Modell also einen festen Halt zu geben, wird der Hebel aus den beiden Längsstücken *b* und *c* und dem Querstück *d* zusammengesetzt. Hierzu empfiehlt sich die Schlitz- und Zapfenverbindung, die Stücke *b* und *c* erhalten Schlitze, das Querstück *d* die Zapfen. Zur Sicherung verschraubt man diese Verbindung, nachdem das Modell wie punktiert ausgearbeitet ist und setzt beiderseits die Scheiben *a* auf.

Teilfugen der Formkästen bei *M*. Bei Massenartikeln ist es selbstredend angebracht, das Modell in der Längsrichtung zu teilen, in diesem Falle wäre jedoch ein Metallmodell zu empfehlen, da ein geteiltes Holzmodell keine lange Lebensdauer haben dürfte. Allerdings hat die Teilung der Form nach Mitte Modell den Nachteil, daß sich die Kästen versetzen können und der Abguß unsauber wird. Man kann das Modell auch formen wie der Aufriß Abb. 85 zeigt. In diesem Falle muß auf den Unterkasten ein Ballen aufgestampft werden, und zwar in einer Höhe von 80 mm, so daß der vordere Teil

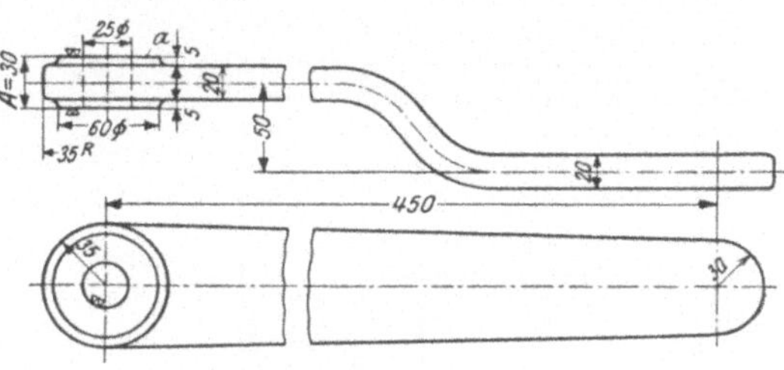

Abb. 84. Gekröpfter Hebel.

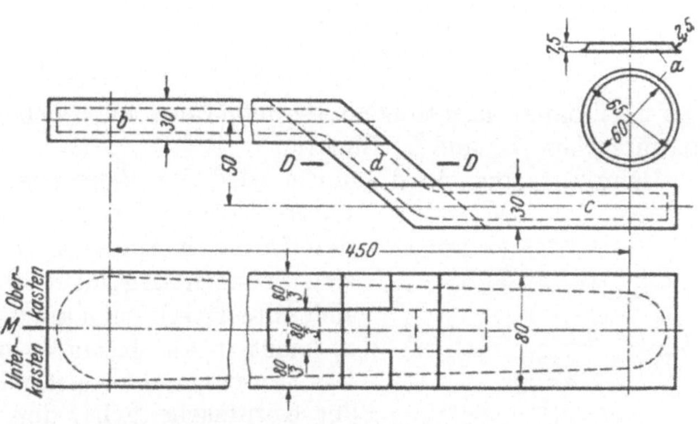

Abb. 85. Modellaufbau zum Modell Abb. 84.

des Hebelmodells beim Aufstampfen des Oberkastens einen Halt bekommt. Es würde also die Gußnaht wie die Verkröpfung des Modells laufen. Bei mehreren Abgüssen ist diese Arbeitsweise allerdings sehr zeitraubend.

C. Modelle von Kupplungen.

53. Scheibenkupplung (Abb. 86—88). Abb. 86 Werkstattzeichnung. Die Hälften sind miteinander zentriert. Abb. 87 Modellaufriß. Das Modell setzt sich zusammen aus dem Hauptkörper *A*, der Nabe *B*, der losen Scheibe *C* und der losen Oberkastenkernmarke *D*.

Der Hauptkörper *A* ist der Formrichtung entsprechend verjüngt gehalten. Er wird nach Abb. 88 verleimt. Er setzt sich zusammen: aus den Scheiben *A*, *B* und aus einem aus sechs Segmenten verleimten Ring *C* sowie aus drei aufeinander geleimten Ringen *D*, *E* und *F*, die wieder aus je sechs Segmenten zusammengesetzt sind. Beim Aufeinanderleimen dieser drei Ringe müssen die Stoßfugen der einzelnen Segmente gegeneinander versetzt werden.

Nabe *B* (Abb. 87) ist aus Langholz gedreht und muß durch einen Falz in den Hauptkörper *A* eingedreht werden, damit die Nabe später beim Gußstück mit dem äußeren Kranz der Scheibe *A* läuft, also nicht schlägt. Die Unterkastenkernmarke B_1 ist an die Nabe *B* angedreht, sie ist länger als die Oberkastenkernmarke und weniger verjüngt gehalten. Scheibe *C* bildet den Ansatz und bleibt am Modell lose, da zu einer vollständigen Scheibenkupplung ein Abguß mit Ansatz C und einer ohne C nötig ist. Die Aussparung für C wird bei dem einen Abguß aus dem Vollen herausgedreht.

Kernmarke D mit angedrehtem Zapfen D_1 bleibt am Modell ebenfalls lose, damit die Scheibe C leicht abgenommen werden kann. Das Zapfenloch D_1 muß auf

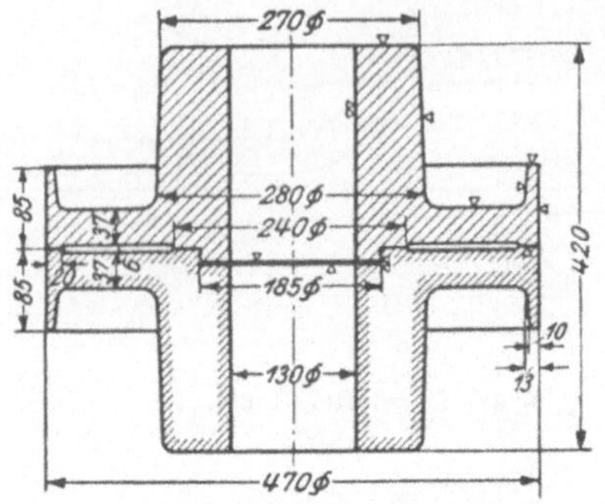

Abb 86. Scheibenkupplung.

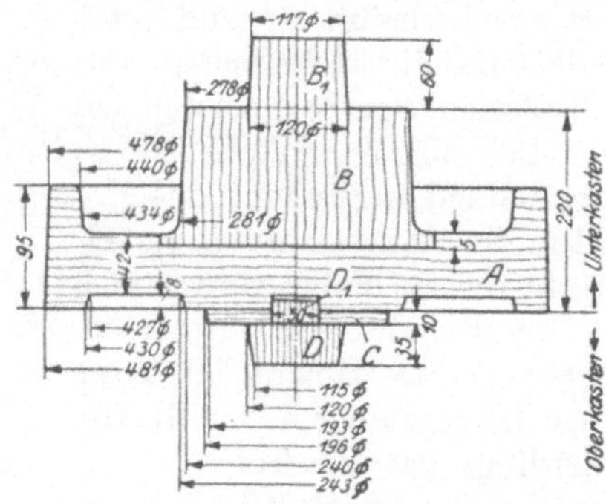

Abb. 87. Modellaufbau zu Abb. 86.

der Drehbank ausgestochen werden, wenn man sicher sein will, daß die beiden Kernmarken B_1 und D fluchten.

Beim Einsetzen in die Form wird der Bohrungskern von 120 mm $\emptyset$ in die untere Kernmarke B_1 gestellt, er führt sich außerdem in der Kernmarke D des Oberkastens, damit er sich beim Gießen nicht abdrückt. Der Former feilt sich seinen Kern dazu am oberen Ende so spitz zu, daß er leicht in die Kernführung D paßt. Eine Führung von 35 mm genügt vollständig. Die starke Verjüngung der Kernmarke D hat den Zweck, daß sich der Oberkasten glatt abhebt.

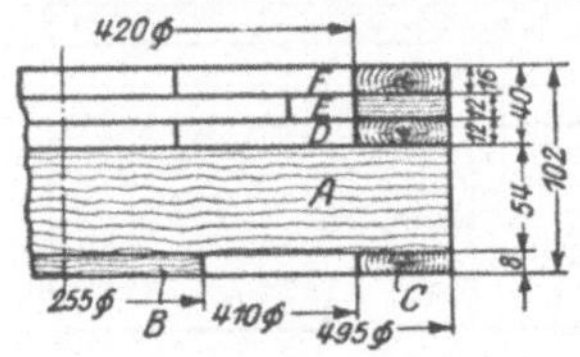

Abb. 88. Verleimung zu Abb. 87.

54. Zahnkupplung mit vier Zähnen (Abb. 89—91). Nach Abb. 90 setzt sich das Modell zusammen aus der Scheibe d, die auf der einen Seite eine Aussparung f zum Befestigen der Nabe c und auf der anderen Seite ein Zapfenloch e_1

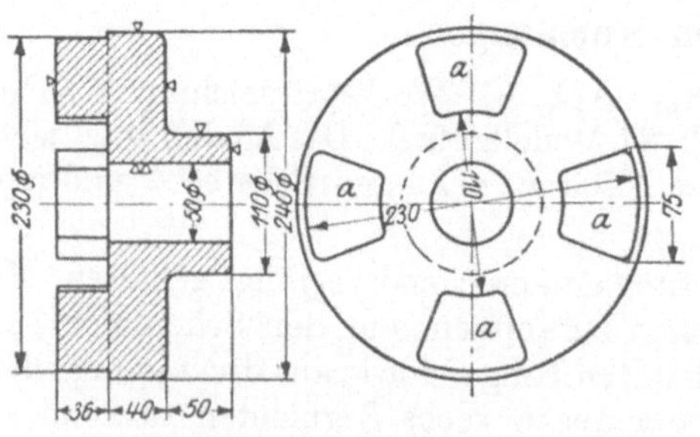

Abb. 89. Zahnkupplung, Werkstattzeichnung.

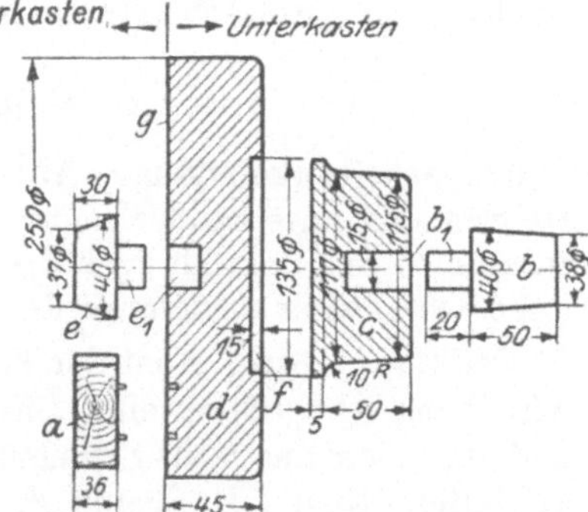

Abb. 90. Modellaufbau zu Abb. 89.

zum Befestigen der Kernmarke e hat. Das Loch b_1 dient zur Aufnahme des Kernmarkenzapfens b_1. Die Kernmarke b dient als Stützkernmarke, ist also etwas länger als die Oberkastenkernmarke e, die als Führungskernmarke dient.

Im Modell bilden Scheibe d, Nabe c und Kernmarke b ein Ganzes, sie werden durch ihre Führungen b_1 und f zusammengehalten, die auch das Fluchten sichern, da sie alle auf der Drehbank ein- bzw. angedreht sind. Die Kernmarke *e* und die vier Zähne *a* bleiben lose, heben sich also mit in den Oberkasten ab. Kernmarke *e* ist zwar niedriger, aber stärker verjüngt als *b*. Beim Einsetzen des Kernes in die Form feilt der Former seinen Kern nach dem Oberkasten zu etwas stärker bei.

Die Zähne *a* werden nach Abb. 91 aufgezeichnet. Man nimmt ein Stück Erlenholz von 100 mm Breite, zieht die Mittellinie *M* und zeichnet die vier Zähne *a* auf, schneidet sie aus und bearbeitet sie genau nach Anriß. Jeder Zahn wird mit zwei Dübeln auf die Fläche *g* der Scheibe *d* aufgedübelt, bleibt also am Modell lose und wird durch eine Schraube gesichert, er muß genau bezeichnet sein (DIN 1511 Blatt 1), damit beim Formen keine Verwechslung entsteht. Das Holz der Zähne läuft in der Pfeilrichtung.

55. Klauenkupplung mit vier Zähnen (Abb. 92—94). Abb. 92 Werkstattzeichnung. Abb. 93 Modell hierzu. Es setzt sich zusammen aus Teil *B* mit angedrehter Oberkastenkernmarke *A*, Teil *C* und Unterkastenkernmarke *D*.

Teil *B* ist Langholz, das Holz läuft nach Pfeilrichtung. *B* ist mit *C* durch einen Zapfen *E* verbunden, wird aber nicht verleimt, sondern bleibt lose, da die Teilung des Modells an der Stelle ist, wo Teil *B* auf Teil *C* aufsitzt. Teil *C* ist eine runde Scheibe mit einer Aussparung und einem durchgehenden Loch. Unterkastenkernmarke *D*

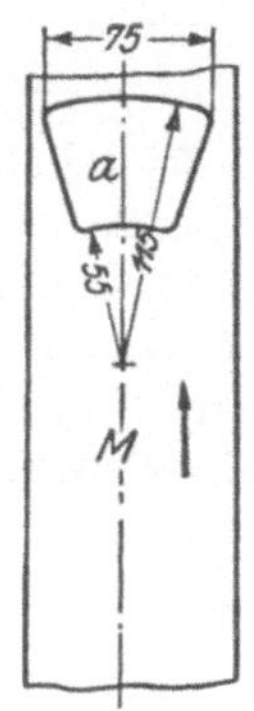

Abb. 91.
Anreißen der
Zähne zu
Abb. 89/90.

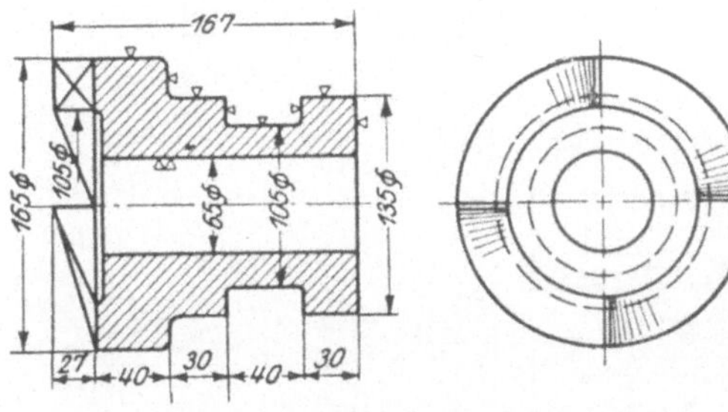

Abb. 92. Klauenkupplung.

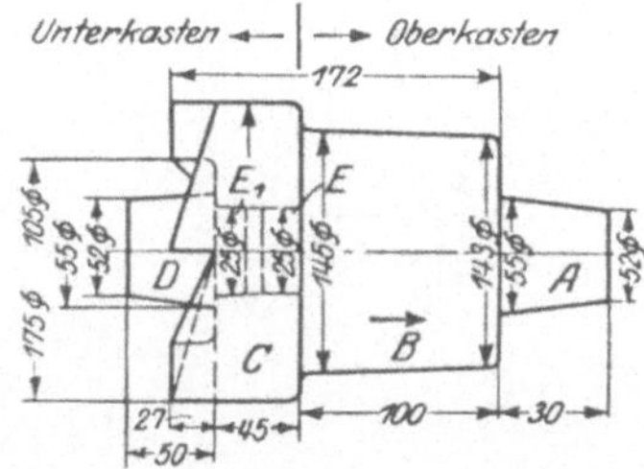

Abb. 93. Modell zu Abb. 92.

ist durch Zapfen mit dem Modellteil *C* verbunden und bleibt am Modell ebenfalls lose, so daß sie bei einer Bohrungsänderung jederzeit ausgewechselt werden kann.

Das Übertragen der Zähne auf Teil *C* geht wie folgt vor sich: Der Modellbauer schneidet sich einen Papierstreifen (Abb. 94) aus dickem Zeichenpapier, Länge = Umfang von $C = 175 \times 3,14 = 549,5$ mm, trägt die vier Stichpunkte **1, 2, 3, 4** in gleicher Entfernung auf der Linie *A—A* auf, die 27 mm tiefer liegt als die Punkte *B*.

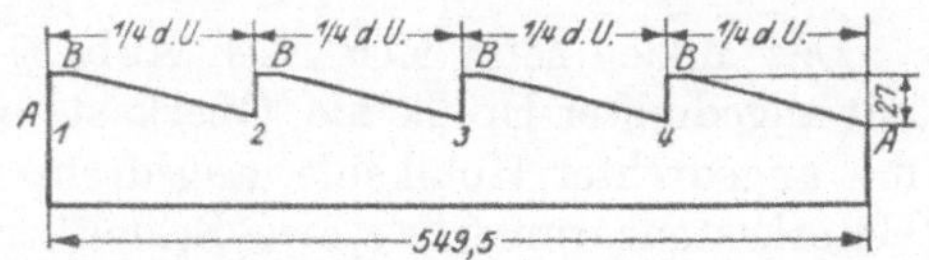

Abb. 94. Abwicklung der Zähne zu Abb. 93.

Dann schneidet er die vier Zähne aus dem Papierstreifen heraus und legt sie um den Körper *C*, den er danach ausarbeitet.

Das Modell wird wie folgt eingeformt: Teil *C* mit angesteckter Kernmarke *D* wird auf einen glatten Aufstampfboden gerade aufgelegt und der Unterkasten aufgestampft. Sodann wird der Unterkasten gewendet, Modellteil *B* auf Teil *C* aufgesteckt, der Oberkasten aufgestampft. Beim Abheben des Oberkastens vom Unterkasten hebt sich Modellteil *B* von Teil *C* ab und bleibt im Oberkasten sitzen. Beide Modellhälften werden nun einzeln aus den Formkästen ausgehoben, was bedeutend besser ist, als wenn Teil B fest mit Teil C verbunden wäre und der Oberkasten vom Modell abgehoben werden müßte. Der glatte 55 mm-Kern wird in die Kernführung D im Unterkasten eingesetzt und hat seine Führung in der Kernführung A im Oberkasten.

D. Modelle von Stehlagern.

56. Stehlagerbock mit ⊔-Querschnitt (Abb. 95—99). Werkstattzeichnung Abb. 95 ist insofern nicht richtig, als der Konstrukteur bei der ⊔-Form nicht genügend Rücksicht auf die Verjüngung des Modells genommen hat. Der Modellbauer muß das korrigieren (s. Abb. 96), woraus wieder zu ersehen ist, wie weit man ihm Freiheit einräumt. Abb. 96 zeigt den vom Modellbauer angefertigten Modellaufriß.

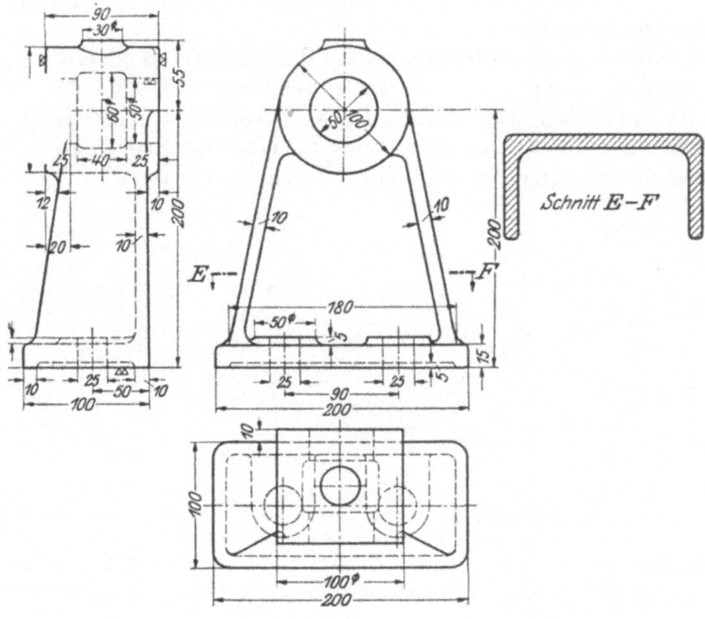

Abb. 95. Stehlagerbock im ⊔-Querschnitt.

Das Modell setzt sich nach Abb. 97 zusammen aus der Wand a, Scheibe b mit angedrehter Hohlkehle, Oberkastenmarke c mit angedrehtem Zapfen, Nabe d mit angedrehter Hohlkehle, angedrehtem Zapfen und eingebohrtem Zapfenloch, Unterkastenkernmarke e, zwei Schleifkernmarken g zum Eingießen der Schraubenlöcher, zwei Schraubenlappen h, anlaufend an die Wand a, Sohlplatte i, Arbeitsleisten k und zwei Rippen l. Bei Abb. 96 Seitenansicht, sehen wir, wie das Modell eingeformt wird, es müssen also Stauffernocken n und Arbeitsleiste k_1 am Modell lose bleiben, Nocken n wird mit Schwalbenschwanzführung befestigt, damit er sich beim Aufstampfen nicht verschiebt, k_1 wird angesteckt, geführt und seitlich gesichert (s. Abb. 98). Abb. 99/I ist der Kernkasten für die Schraubenlöcher, wobei $a =$ Sohlplattendicke $+$ Lappendicke $= 15$ mm, $b =$ Höhe und Form der Schleifkernmarke ist (s. Abb. 97 g, h und i). II ist der Kernkasten für den abgesetzten Bohrungskern. $a =$ Aussparung, $b =$ auszubohrende Lagerfläche im

Abguß, $c =$ Unterkastenkernmarke, $c_1 =$ Oberkastenkernmarke. c und c_1 werden im Durchmesser etwas schwach auf Maß gearbeitet, so daß sich der Kern beim Einsetzen in die Form leicht einführt. Die Schleifkernmarken g in Abb. 96 und

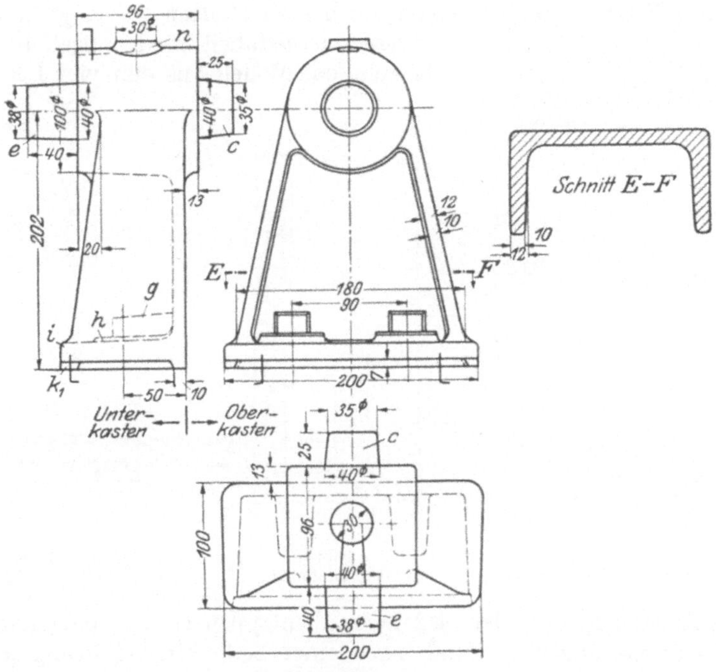

Abb. 96. Modell zu Abb. 95.

97 sollen es ermöglichen, den Kern für die Schraubenlöcher einzusetzen. Wollte man an dieser Stelle einfach runde Kernmarken von 25 mm $\varnothing$ anbringen, so wäre es unmöglich, das Modell aus der Form auszuheben, wie den Kern selbst einzulegen. Die Schleifmarke läuft an die Wand a (Abb. 97) an. In allen Fällen, wo sich durch runde Kernmarke Schwierigkeiten ergeben, müssen Schleifkernmarken angebracht werden.

Abb. 98 zeigt verschiedene Einzelteile zum Modell Abb. 96: die Sohlplatte i mit den Arbeitsleisten k und k_1, so eingepaßt, daß sie sich seitlich und nach oben nicht versetzen kann. f ist der Schraubenlappen, g die oben erläuterte Schleifkernmarke, n ist der am Modell lose bleibende Stauffernocken mit Schwalbenschwanzführung o.

57. Stehlagerbock mit Kastenquerschnitt (Abb. 100—104). Das Modell ist zweiteilig anzufertigen, seine Teilfuge befindet sich auf

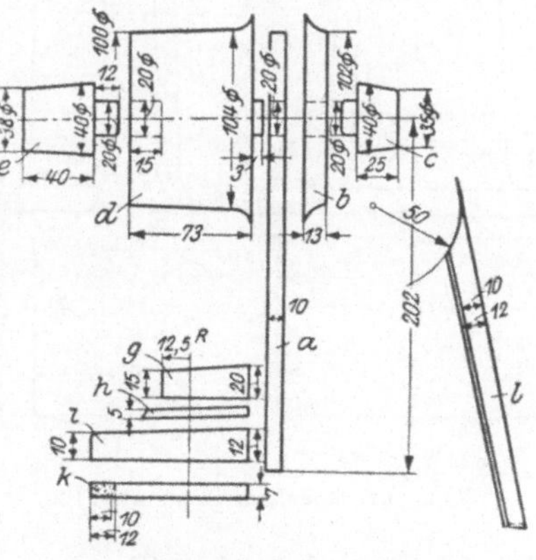

Abb. 97. Modellaufbau zu Abb. 96.

der Linie x—x (Abb. 101). Es hat einen sog. „freitragenden Kern", das ist ein Kern, der nur auf einer Seite aufliegt, auf der anderen freihängt. Man kann hier zwei Wege einschlagen: entweder man macht den Kern A (Abb. 101) so lang,

daß er ohne Kernstützen gelagert werden kann, was wieder große Formkästen
und mehr Formarbeit bedingt, oder aber, man macht die Kernmarke A kürzer
und legt den Kern auf Stützen.

Das Modell wird nach Abb. 102 zusammengesetzt. Die in der Seitenansicht
schraffierten Flächen werden, wenn die beiden Hälften a von je 50 mm Dicke
aufeinandergedübelt sind, abgehobelt. Weiter
besteht das Modell aus den vier Leisten b, aus

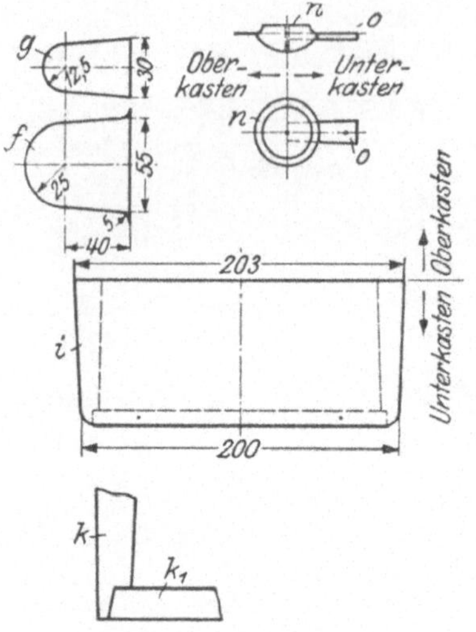

Abb. 98. Einzelteile zum Modell Abb. 96.

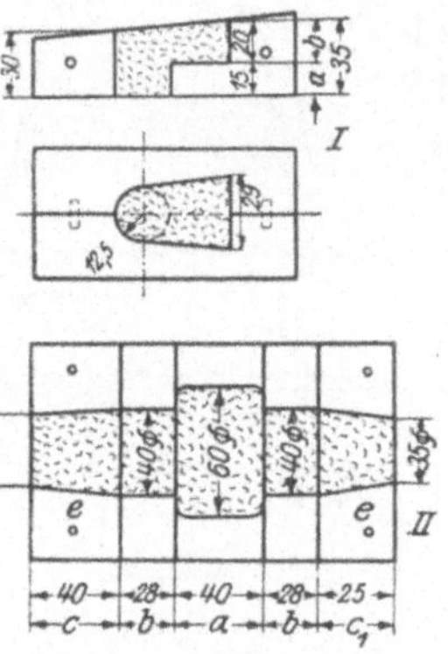

Abb. 99.
Kernkasten zu Abb. 96.

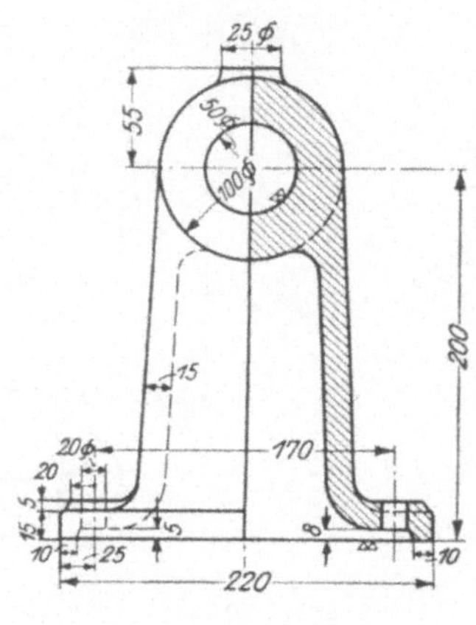

Abb. 100. Lagerbock im Kastenquerschnitt, Werkstattzeichnung.

den zwei Leisten c, aus den 4/2 Schraubenlappen e. Die beiden Scheiben f
werden, wenn sie abgedreht sind, nach einer Seite hin keilförmig angehobelt,
wie schraffiert angegeben, g ist die Unter-
kastenkernmarke, h die Oberkastenkernmarke, die niedriger ist, damit der Kern

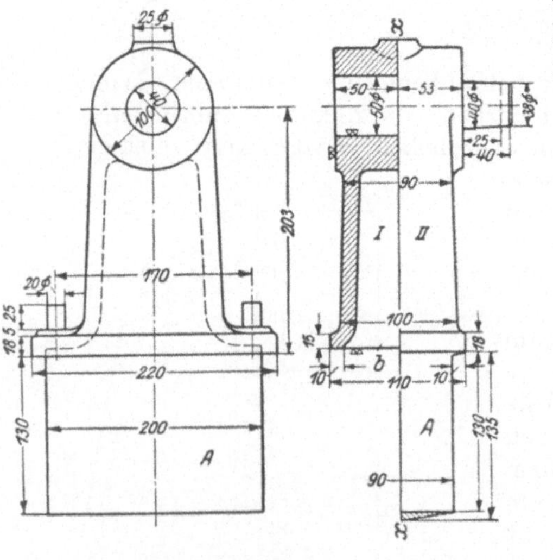

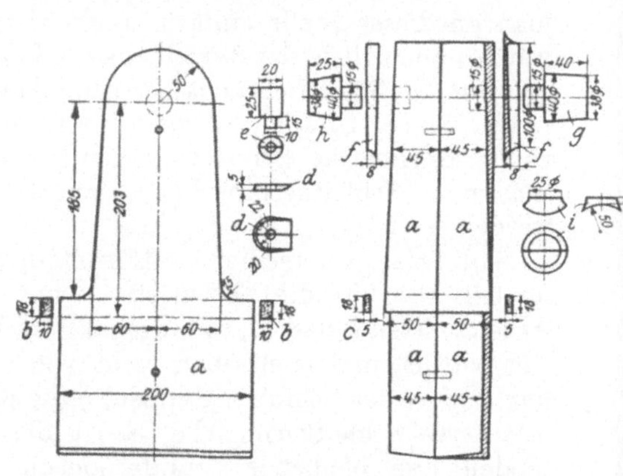

Abb. 101. Modellaufriß zu Abb. 100.

Abb. 102. Zusammenbau des Modells zu Abb. 101.

nicht zu tief in den Oberkasten eingeführt werden muß. Beide Kernmarken
haben einen Zapfen, die Scheiben f und die beiden Modellhälften a Löcher von
gleichem Durchmesser für die Kernmarken s und die beiden halben Schmier-
naben i Abb. 103 zeigt den Hauptkernkasten mit dem aufgestampften Kern A.
Der Kernkasten setzt sich zusammen aus dem Aufstampfboden a mit den Ver-

stärkungsleisten b (die den Boden vor dem Verziehen schützen sollen), dem ausgearbeiteten Brett c und dem Schlußstück d, der Oberteil des Kernkastens, also der Rahmen, ist auf den Aufstampfboden aufgedübelt, der Kernkasten wird oben auf der offenen Seite „abgestrichen".

Abb. 104 zeigt die fertige Form mit den Kernen A und B. Die (an der Kernmarke des Modells) verjüngt gehaltene Fläche a ist beim Kern nicht berücksichtigt, da sie ausschließlich den Zweck hat, daß das Modell sich gut aus der Form heben läßt.

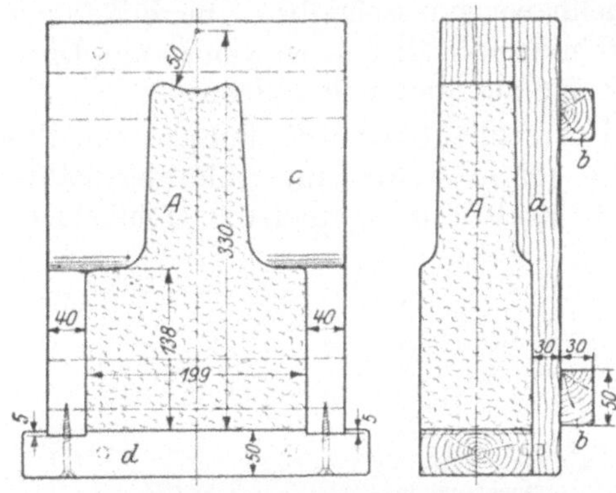

Abb. 103. Hauptkernkasten zu Abb. 101.

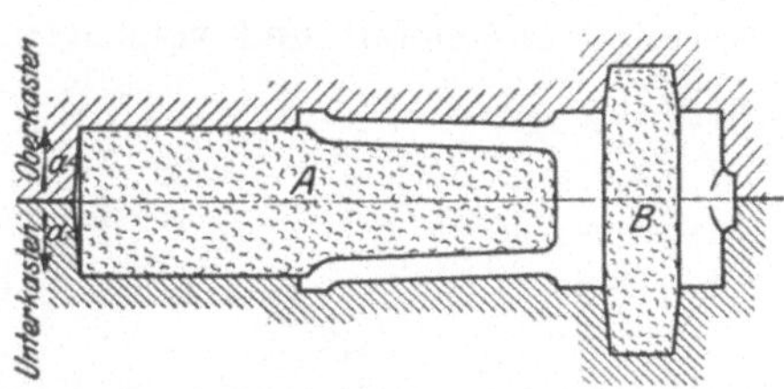

Abb. 104. Fertige Form.

58. Stehlagerbock mit T-Querschnitt (Abb. 105—111). Bearbeitet an diesem Abguß wird nur die obere Fläche c, die als Auflage für das Lager dient, die Schraubenlöcher sollen eingegossen werden, Fläche c wird auf der Schleifmaschine geschliffen, daher sind die üblichen seitlichen Keilleisten weggelassen.

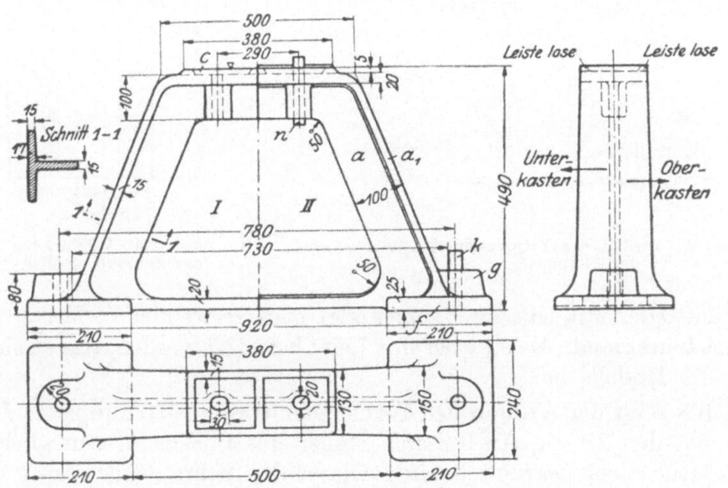

Abb. 105. Stehlagerbock im T-Querschnitt. I Werkstattzeichnung, II Modellaufriß.

Für die Lebensdauer des Modells wäre es besser, es ungeteilt anzufertigen, für den Former aber ist es entschieden geteilt vorteilhafter. Bei einem ungeteilten Modell hat der Former bedeutend mehr Arbeit, da er seinen Oberkasten anschneiden muß. Weiter hat man bei einem zweiteiligen Modell den Vorteil, daß man es jederzeit auf einer Formplatte befestigen kann.

Rechte Hälfte (Abb. 105/II) zeigt den Modellaufriß mit angesetzten Kernmarken und erhöhter Arbeitsfläche c.

Das Modell wird wie folgt zusammengebaut: Als Grund- und Aufbauflächen für die beiden Modellhälften dienen die beiden Rahmen Abb. 106, es müssen also für jede Modellhälfte je zwei Schenkel a mit dem Verbindungsstück b übereinandergeplattet werden.

Um die genaue Schräge, oder wie der Fachmann sich ausdrückt, die genaue „Schmiege" zu bekommen, ist es für den Konstrukteur unerläßlich, die beiden Schrägemaße 730 und 500 mm dem Modellbauer einzuschreiben. Beide Rahmenhälften werden aufeinander gedübelt und bilden die Mittelrippe von 15 mm Dicke. In die Ecke c wird eine Hohlkehle von 50 mm Radius eingeleimt.

Abb. 107 zeigt rechts, wie die beiden Rahmenhälften a in die Fußplattenhälften f eingelassen werden. Die Rippen a_1 (Abb. 105/II) werden auf die Rahmenhälften a stumpf aufgeleimt und verschraubt (Abb. 107 links), und die Hohlkehlen c

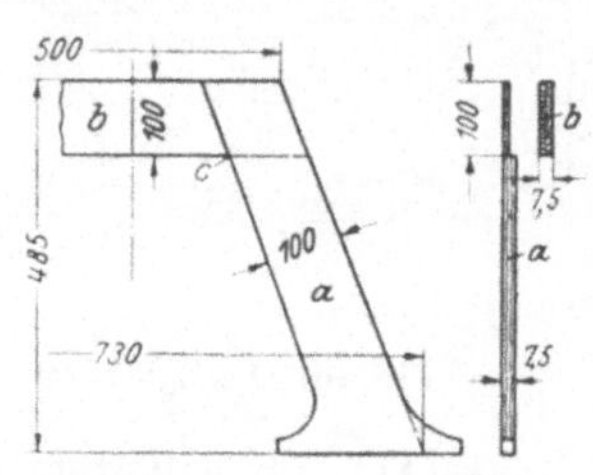

Abb. 106. Rahmen zum Modell Abb. 105/II.

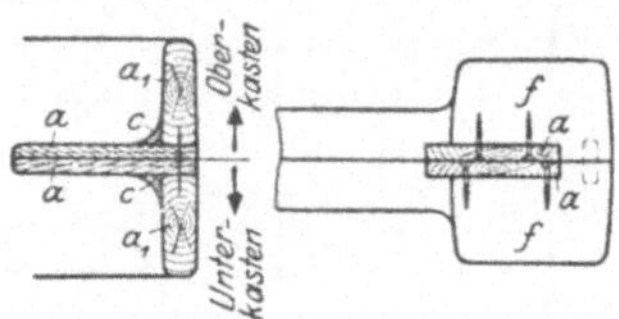

Abb. 107. Einzelheiten zum Modellzusammenbau.

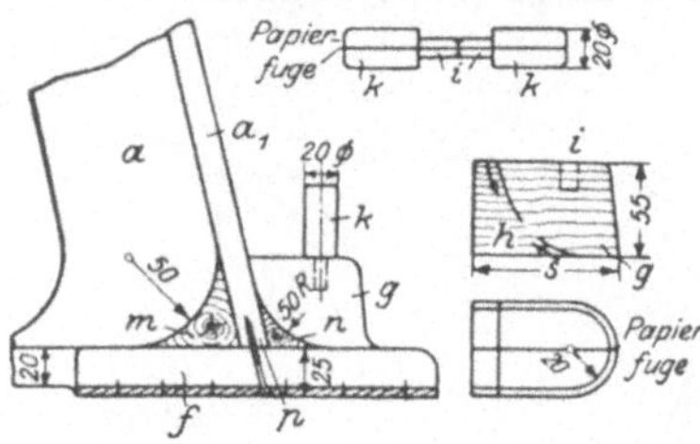

Abb. 108. Verlauf des T-Querschnittes an der Fußplatte.

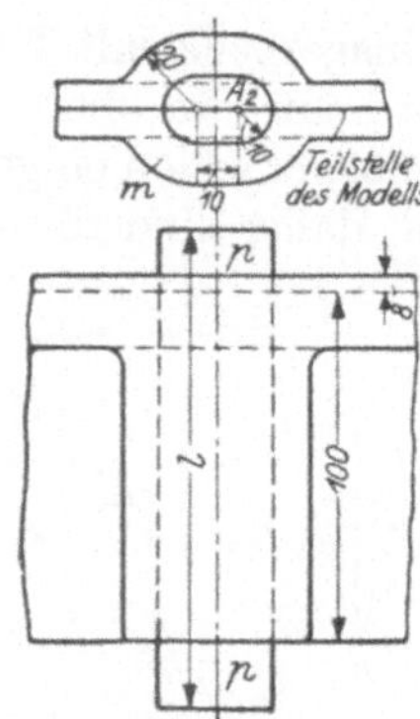

Abb. 109. Verstärkung der Schraubenlöcher.

werden entweder mit Kitt eingezogen oder man verwendet Lederhohlkehlen, die allerdings teurer sind. Da sie aber mit Leim befestigt werden, tragen sie zur Haltbarkeit des Modells bei.

Abb. 108 zeigt den Verlauf des T-Querschnittes an der Fußplatte f. Die Aussparung hat den Zweck, ein besseres Stehen des Bockes zu ermöglichen, da die untere Fläche nicht bearbeitet wird. Die beiden Schraubenlappen g werden besonders angefertigt. Der Modellbauer hobelt ein Stück Holz von doppelter Länge $s = 55$ mm hoch und 40 mm breit, mit Papier verleimt, und schneidet von beiden Seiten in der Pfeilrichtung ein, aber nicht durch, das Stück h wird dann abgeschnitten, wenn der Lappen in seiner äußeren Form fertig ist. Das in den Lappen g eingebohrte Loch i dient zum Einleimen des Zapfens i der Kernmarke k.

Für Lappen g und Kernmarken k ist die Papierfuge genau Mitte, da nach dem Sprengen der Papierfuge alle Teile genau symmetrisch sein müssen.

Abb. 109 zeigt die Verstärkung m für die länglichen Schraubenlöcher, die ebenfalls besonders, ebenso wie die Kernmarken p, ausgearbeitet und angesetzt werden.

Abb. 110 zeigt, wie die oberen Rippen a_1 mit den seitlichen Rippen a_1 zusammen verbunden werden: sie werden bei o stumpf zusammengestoßen und erhalten ihre Verbindung durch die eingeleimte Ecke n, die wieder auf 35 mm Radius ausgearbeitet wird.

Abb. 111 zeigt den zweiteiligen Kernkasten zu den Kernen p (Abb. 109).

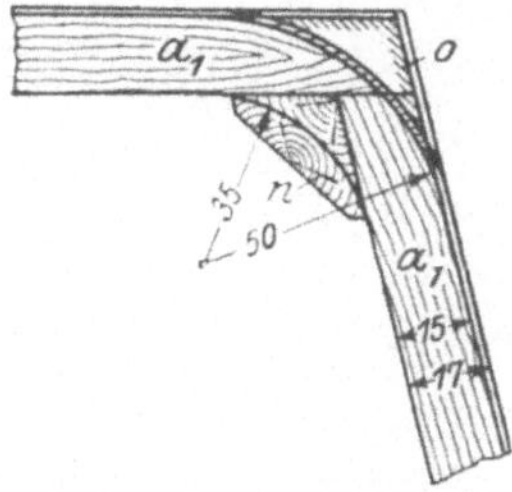

Abb. 110. Rippenverbindung.

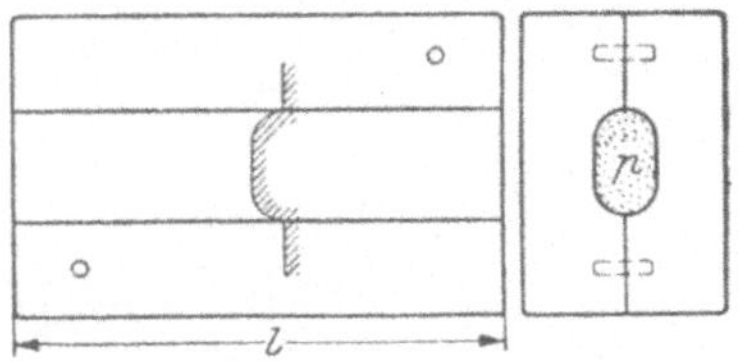

Abb. 111. Kernkasten zu den Schraubenlöchern Abb. 109.

Da die Lebensdauer eines zweiteiligen Modells nicht sehr lang ist, müssen alle Zusammenstöße (Stoßfugen) gut geleimt und verschraubt werden. Erst wenn das Modell überall verputzt ist, werden die angegebenen Kanten abgerundet.

E. Modelle verschiedener Teile.

59. Kesselflansch (Abb. 112 und 113). Das Modell setzt sich zusammen aus dem Flansch C und den Naben A und B mit angedrehten Kernmarken d und e. Da der Flansch C in der gekrümmten Form nicht gedreht werden kann, verfährt man wie folgt:

Man verleimt ein Stück Holz, 310 mm im Quadrat, mit Papierfuge und 225 mm dick (Abb. 113/II), trägt die Mittellinie D scharf auf und setzt das Mittel des Radius von 550 mm 250 mm über der Mittellinie D ein, reißt die beiden Radien von 550 und 570 mm an, schneidet beiderseits von Richtung G und H ein, aber nicht durch, sondern läßt noch 35 mm stehen. Ist dieses geschehen, wird der Klotz 310 mm im Durchmesser auf der Bandsäge rundgeschnitten und nachher auf der Drehbank auf 300 mm abgedreht.

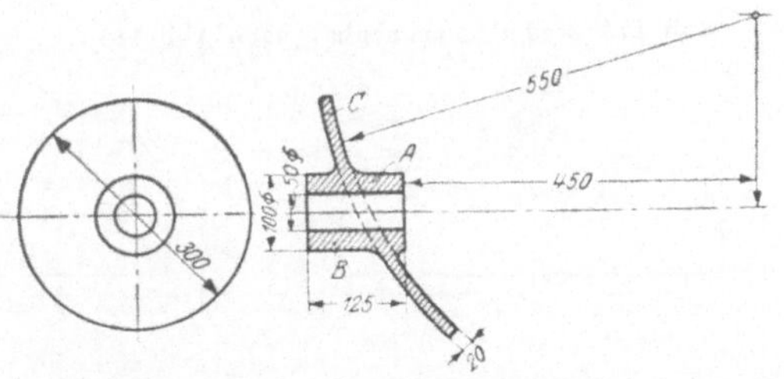

Abb. 112. Kesselflansch, Werkstattzeichnung.

Nach dem Abdrehen werden die stehengebliebenen 35 mm von Hand mit der Schweifsäge durchgeschnitten, die Flächen K und L sauber bearbeitet, die Mittellinie D rund herum übertragen und die Papierfuge gesprengt.

Bei den beiden Naben A und B wird in gleicher Weise verfahren: man verleimt ein Stück Holz (Abb. 113/III) 60 mm Quadrat mit Papierfuge, überträgt auch hierauf genau die Mittellinie D und überträgt sich hierauf mit Pauspapier die beiden Radien an Hand des Modellaufrisses (Abb. 113/I). Dann schneidet man wieder beiderseits der gekrümmten Fläche ein, jedoch nicht durch, und schneidet ebenfalls an den Stellen G—G ein für die Gesamtlänge der Naben, die dann, wie gestrichelt angegeben, gedreht werden. Nach dem Drehen wird auch hier die Papierfuge gesprengt, die Nabenhälften A und B werden abgeschnitten, auf die Mitte der halben Flanschen C aufgesetzt, und zwar so, daß die Mitten D genau auf einer Fläche liegen. Die beiden Modellhälften O und P (Abb. 113/I) werden dann aufeinander gedübelt. $E—E$ Teillinie des Modells, Modellhälfte O kommt in den Unterkasten, Modellhälfte P in den Oberkasten.

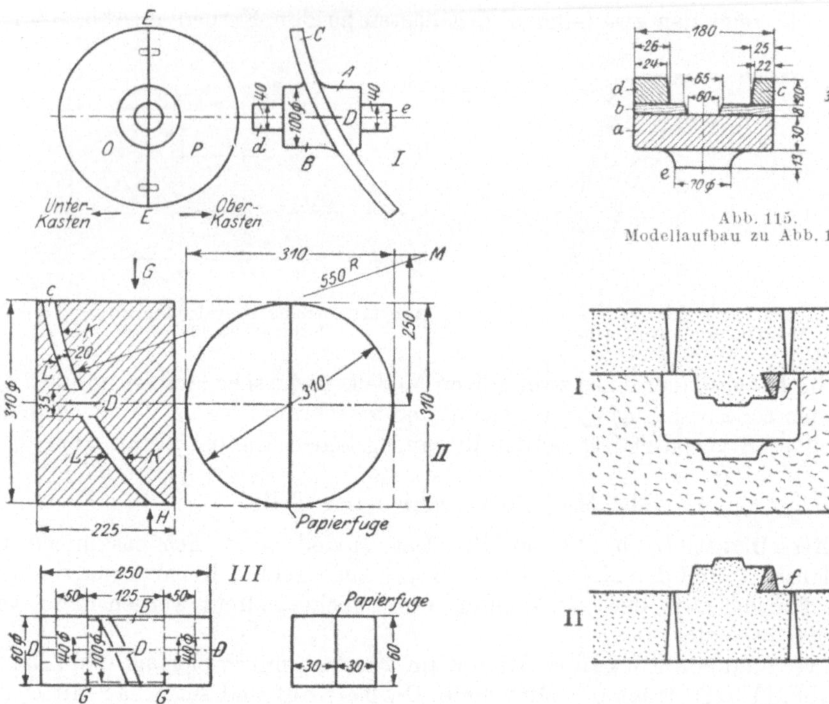

Abb. 113. Modellzusammenbau nach Abb. 112.

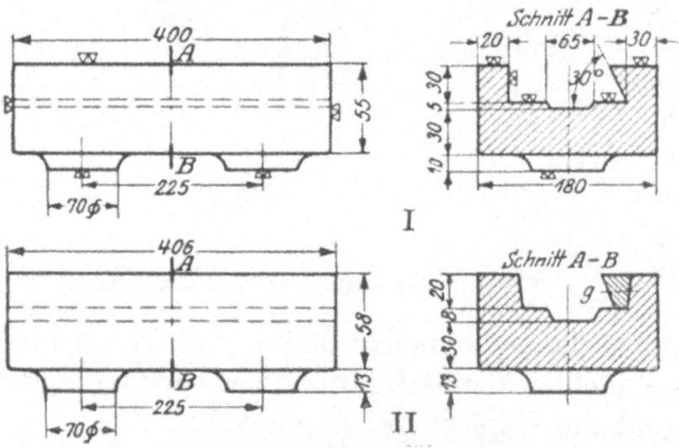

Abb. 114. Schlittenführung.
I. Werkstattzeichnung   II. Modellaufriß.

Abb. 115.
Modellaufbau zu Abb. 114/II.

Abb. 116.
Eingeformtes Modell zu Abb. 114/II.

60. Schlittenführung (Abb. 114—116). Das Modell setzt sich zusammen aus Platte a (Abb. 115), den beiden Leisten b, der Leiste c, der Leiste d, der losen Leiste f, auf einer Seite angepaßt an die Schräge der Leiste c, auf der anderen Seite im Winkel von 30° zur Grundfläche angestoßen, sowie aus den beiden Scheiben e. Im Vergleich der Maße von Abb. 114/I und II findet man die Bearbeitungszugabe. Beim Aufbau nach Abb. 115 schneidet man sämtliche Teile statt 406 mm auf 407 mm, um, wenn alle Einzelteile aufeinander geleimt sind, sie zusammen bestoßen zu können.

Abb. 116/I zeigt das Modell eingeformt, Leiste f bleibt am Modell lose. Beim Aufstampfen des Modells werden die beiden Ansteckstifte g (Abb. 114/II) vorher herausgezogen, so daß die Leiste lose liegt. Abb. 116/II zeigt den Oberkasten abgedeckt und gewendet, die Leiste f liegt also frei und kann glatt abgezogen werden.

61. Windkessel (Abb. 117—120). Auch hier ist die Hauptkernmarke von 90 mm ⌀ ziemlich lang, um dem Kern eine gesicherte Auflage zu geben, da er nur noch eine seitliche Lagerung in dem 25 mm-Stutzenkern hat.

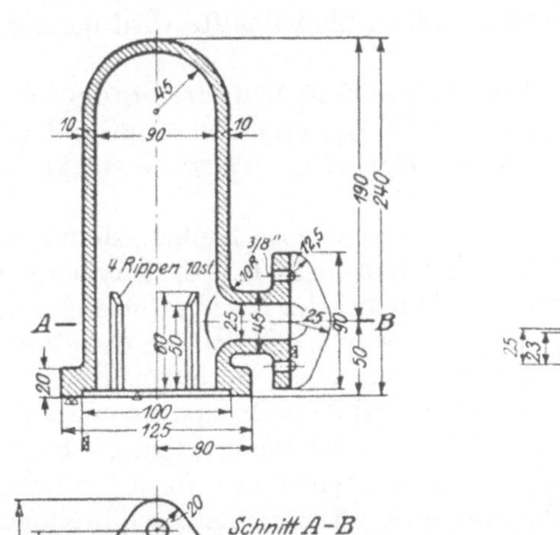

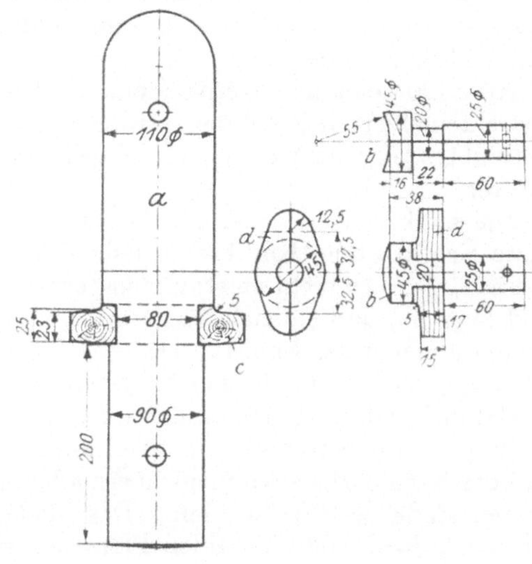

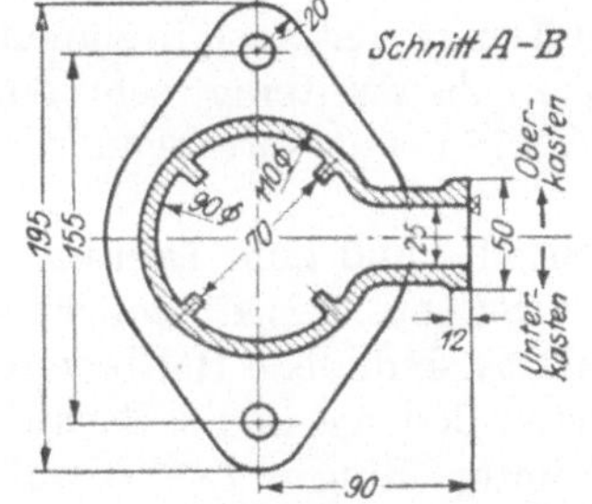

Abb. 119. Modellaufbau zu Abb. 118.

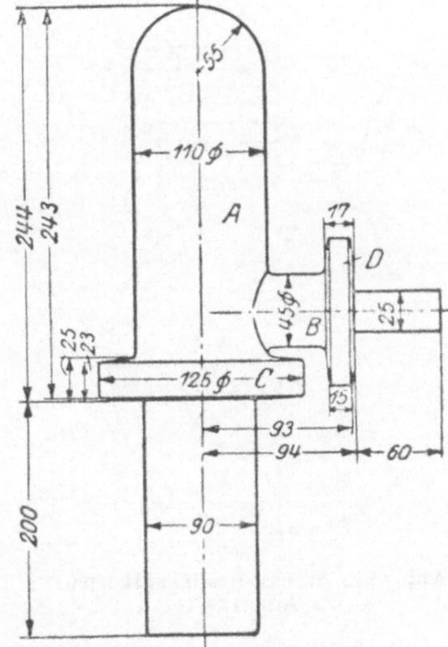

Abb. 117. Windkessel, Werkstattzeichnung.

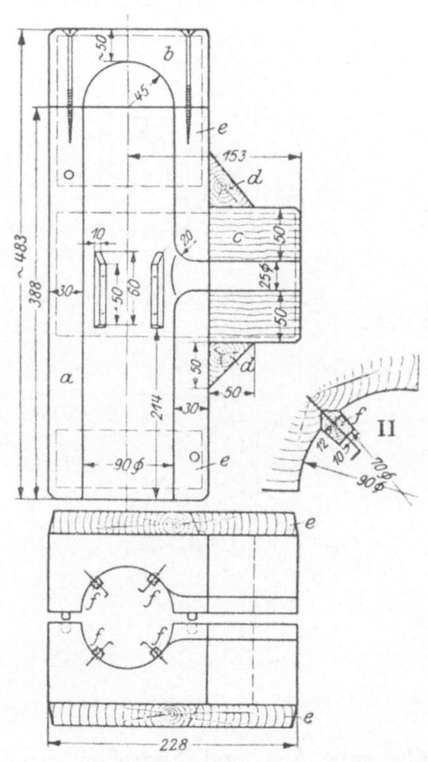

Abb. 118. Modell zu Abb. 117.

Abb. 120. Kernkasten zu Abb. 118.

Das Modell Abb. 119 ist zweiteilig und setzt sich zusammen aus dem Hauptkörper *a*, zweiteilig und gedübelt, dem in *a* eingedrehten ovalen Flansch *c*, dem Stutzen *b* mit einem Dübel und dem in *b* eingedrehten ovalen Flansch *d*.

Beim Zusammenbau des Modells wird erst die eine Modellhälfte auf einer geraden Platte genau zusammengeleimt und auf dieser Modellhälfte wird dann die andere Hälfte verleimt.

Abb. 120 zeigt den Kernkasten. Er besteht aus dem Längsteil *a*, dem ausgedrehten Oberteil *b* und dem seitlichen Stück *c*. *b* wird an *a* angeleimt und verschraubt, *c* angeleimt und durch die beiden Ecken *d* gehalten. *e* sind Verstärkungsbretter.

Die im Kernkasten befindlichen 4 Rippen *f* müssen lose bleiben, damit der Kern sich aus dem Kernkasten heben läßt. Da nun diese Rippen genau sitzen müssen, also sich nicht verstampfen dürfen, muß man sie im Kernkasten einlassen, und zwar so, daß sie sich leicht mit dem aufgestampften Kern aus dem Kernkasten abheben (s. Abb. 120/II). Da nun der Kernmacher bei einem Kern von 90 mm ⌀ schlecht an die Leisten *f* herankommen und beim Aufstampfen die Ansteckdübel schlecht lösen kann, wird er zwei halbe Kerne machen und die beiden Hälften zusammenschwärzen. Weil der Kern nach oben in der Form frei hängt und die Kernmarke auch nicht übermäßig lang sein soll, muß der Kern in seinem oberen Ende gestützt werden. Das Modell läßt sich, da zweiteilig, sehr gut formen, jedoch sind die beiden Flanschen *c* und *d* (Abb. 118) entsprechend verjüngt zu halten.

62. Seilrolle (Abb. 121—125). Das Modell ist zweiteilig und zum Dreiteiligformen eingerichtet. Es besteht aus den Teilen *A* und *B* (Abb. 122), die mit Falz ineinandergeführt sind. Jede Hälfte wird aus einem festen Boden *a* und sechs aufeinander geleimten Ringen *1 · · · 6* aufgebaut (*C*), die wieder aus je sechs Segmenten bestehen, die gegeneinander versetzt werden (*D*). Die Durchmesser der Ringe *1 · · · 6* richten sich genau nach dem Modellaufriß unter entsprechender

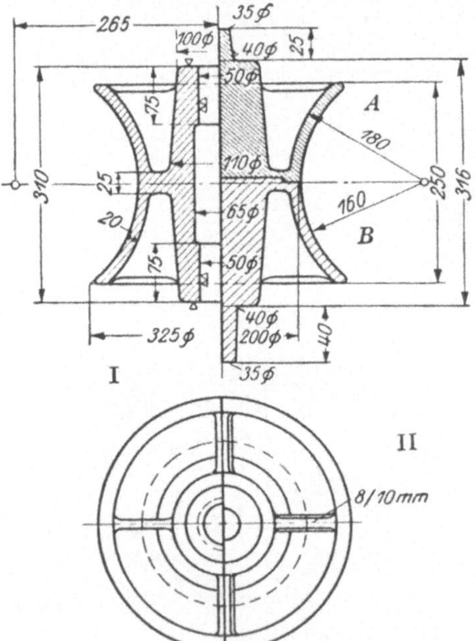

Abb. 121. Seilrolle. I Werkstattzeichnung,
II Modellaufriß.

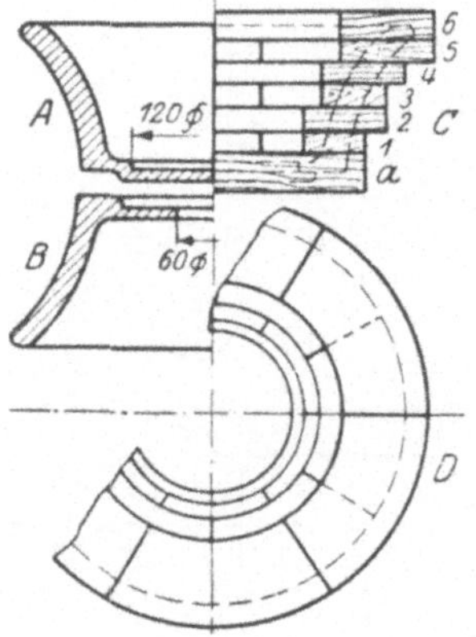

Abb. 122. Aufbau des Hauptkörpers
zu Abb. 121/II.

Zugabe zum Aus- und Abdrehen. In jeder der Modellhälften *A* und *B* ist eine Nabe mit vier Rippen (Abb. 123 I/II). Nabe *E* (I) hat einen Vorsprung, der als

Führung in Modellhälfte A dient, Nabe F (II) einen Vorsprung für B. Der Durchmesser der Naben ist verjüngt, ebenso die Dicke der vier Rippen a, b, c und d (III). Die Kernmarkenlängen G der Naben sind verschieden, die längere von E ist für den Unterkasten, die kürzere von F für den Oberkasten.

Der Kernkasten (Abb. 124) setzt sich aus den Teilen a, b, c, d zusammen. Die beiden äußeren Enden c entsprechen den beiden Kernmarken am Modell Abb. 121/II. Der Kernmacher braucht also in diesem Falle die beiden Kernenden nicht nachzufeilen.

Abb. 125 zeigt das eingestampfte Modell. Das Einformen geht wie folgt vor sich: Modellhälfte A wird in einem falschen Bett im Gießereiboden eingeformt, d. h. man gräbt die Modellhälfte A bis an die obere Fläche b des Seilkranzes ein, setzt den Unterkasten U auf, stampft ihn voll und hebt ihn mit der Modellhälfte A vom Boden

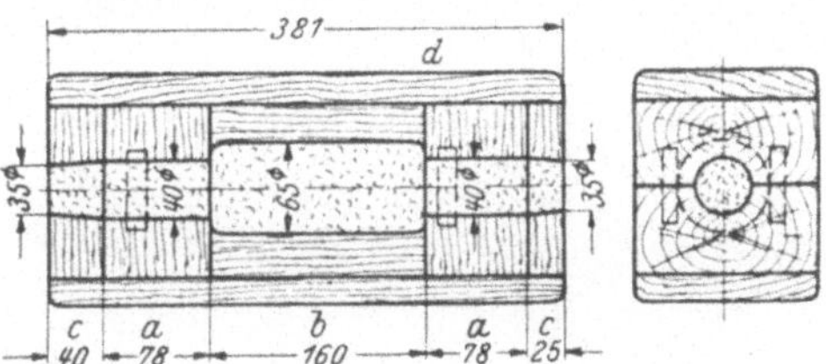

Abb. 124. Kernkasten zum Modell Abb. 121/II.

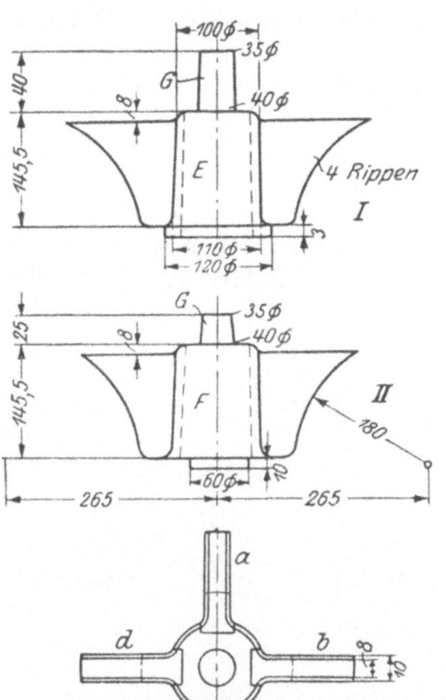

Abb. 123. Naben zu Abb. 121/II.

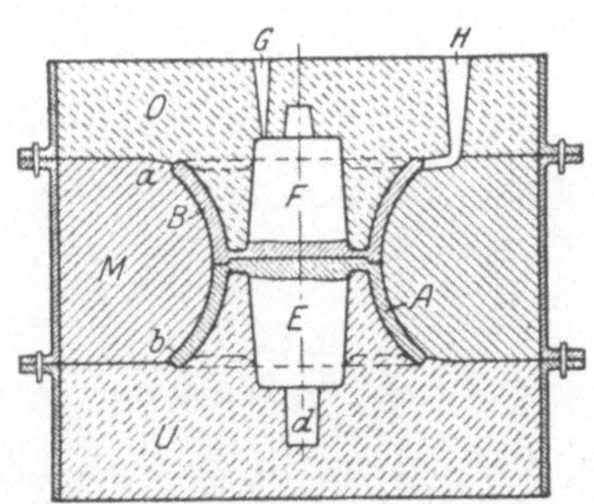

Abb. 125.
Eingestampftes Modell Abb. 121/II.

ab, wendet ihn, setzt Modellhälfte B und den mittleren Kasten M auf und stampft diesen bis an den oberen Rand a des Seilkranzes auf, wobei die Rundung schräg angeschnitten wird. Dann wird der Oberkasten O aufgesetzt und vollgestampft, wobei Eingußtrichter H und Steigetrichter G gestellt werden. Das Ausheben des Modells geschieht auf folgende Art: Oberkasten O wird abgehoben, Modellhälfte B mit Nabe F aus dem mittleren Kasten M herausgenommen und, nachdem die beiden Kästen poliert sind, der Oberkasten O wieder aufgesetzt und gewendet, so daß Unterkasten U nach oben zu liegen kommt. Dann wird dieser abgehoben und Modellhälfte A mit Nabe E aus dem mittleren Kasten M herausgenommen und ebenfalls gießfertig gemacht. Unterkasten U wird nun wieder aufgesetzt und wieder gewendet, so daß Oberkasten O wieder nach oben zu liegen kommt. Zum Einsetzen des Bohrungskernes, der im

Kernkasten (Abb. 124) aufgestampft ist, muß Oberkasten O abermals abgenommen werden.

63. Rippenmodelle für Form- und Paßstücke (Abb. 126 bis 128). Bei einzelnen Stücken wird man oft Wege suchen müssen, um die Modellkosten zu verringern. Zuweilen werden sog. Lehmmodelle mit Schablone gezogen und etwaige Stützen und Flanschen in Holz angefertigt und auf dem Lehmmodell befestigt. Aber auch diese Lehmmodelle sind teuer, da das Auflegen der Wandstärke auf den gezogenen Kern durch Lehmdeckel und ihre Befestigung sehr zeitraubend ist. Ein weitaus billigerer Weg ist die Anfertigung sog. Rippen- oder Skelettmodelle (Güteklasse III), wie sie einzelne Sonderfirmen schon seit Jahren im Bedarfsfalle bauen.

Abb. 126 zeigt ein Paßstück, das vielleicht nur einmal gebraucht wird.

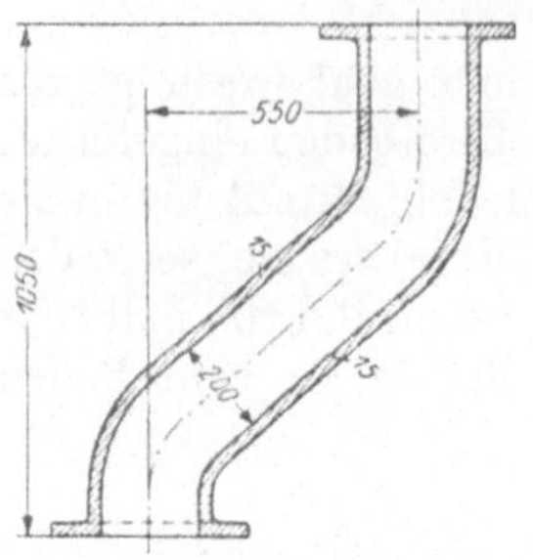

Abb. 126. Paßstück.

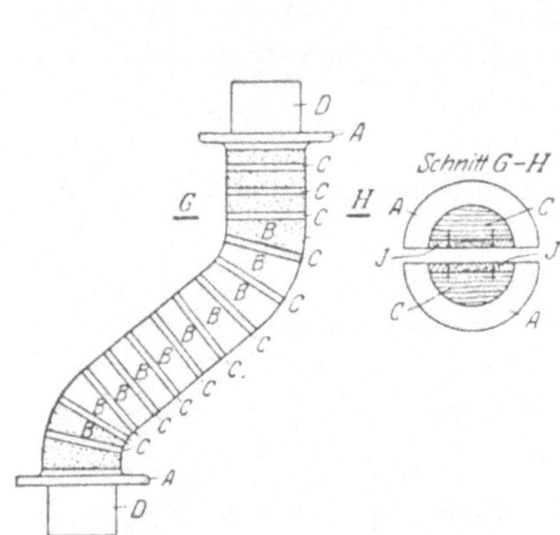

Abb. 127. Rippenmodell zu Abb. 126.

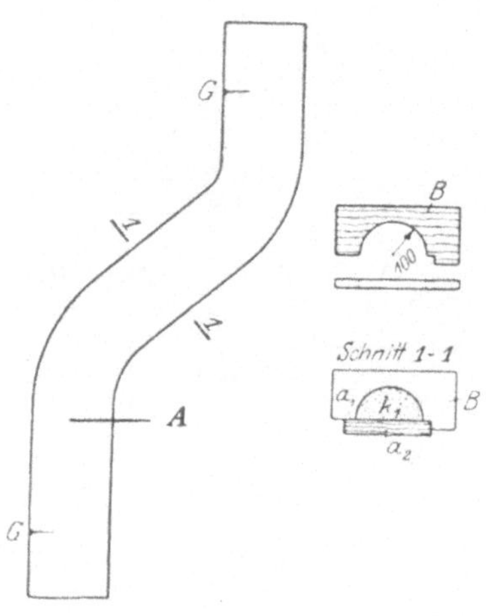

Abb. 128. Kernbrett zu Abb. 127.

Abb. 127 zeigt das Rippenmodell dazu. Es ist zweiteilig und jede Hälfte besteht aus dem Boden J, den 1/2 Scheiben C, den Flanschen A und den Kernmarken D. Die aufgesetzten Scheibenhälften C haben einen Radius gleich dem des äußeren Rohrdurchmessers, die Zwischenräume B zwischen den halben Scheiben werden ausgestampft und oben abgestrichen, so daß man es mit einem vollwertigen Ersatzmodell zu tun hat. Abb. 128 zeigt das Kernbrett A und die Schablone B zum Ziehen der halben Kerne. Da die Schenkel des Krümmers ungleich lang sind, muß der halbe Kern k_1 auf der Seite a_1, der andere halbe k_2 auf der Seite a_2 von A gezogen werden. Die Hälften k_1 und k_2 werden mit Lehm aufeinander befestigt und bilden den Kern. Die beiden Punkte G zeigen dem Kernmacher an, wie lang er den Kern zu machen hat.

Ein Rippenmodell ist ganz bedeutend billiger als ein regelrechtes Holzmodell, hinzu kommt, daß sich über ein derartiges Modell mehrere Formen aufstampfen lassen, Rippenmodelle lassen sich für alle Arten Rohre anfertigen.

64. Krümmer, 200 mm lichte Weite (Abb. 129—133). Die Teilung des Modells liegt auf der Linie l—l. Es setzt sich zusammen aus dem Mittelstück A,

den beiden Flanschen *B* und den beiden Kernmarken *C*. Die an den Flanschen
B schraffierten Stellen bilden die Bearbeitungszugabe.

Abb. 131 Aufbau der beiden Hälften *A*: Jede Hälfte wird aus den drei Dickten
a, *b*, *c* aufeinander geleimt, wobei man die obere Dicke *c* größer macht, um eine
breitere Aufleimfläche zu erhalten. Die Mittellinie von *a*, *b*, und *c* liegt im Radius
von 490 mm. Die beiden Modellteile werden aufeinander gedübelt.

B: 4/2 Flanschen mit angedrehter Hohlkehle. Man verleimt zwei volle Scheiben
von 340 mm ⌀, gesperrt, dreht die beiden Flanschen und schneidet sie nachher
in je zwei Teile, wobei der Sägen-
schnitt allerdings verloren geht.
Die Scheiben wären also beim Zusammensetzen unrund, wenn man
nicht das, was durch Aufschneiden

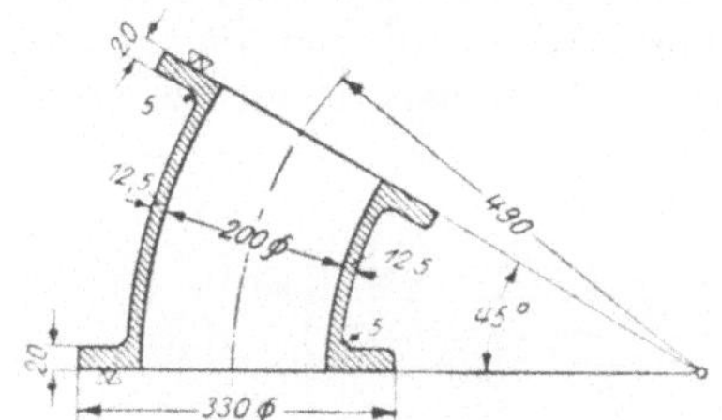

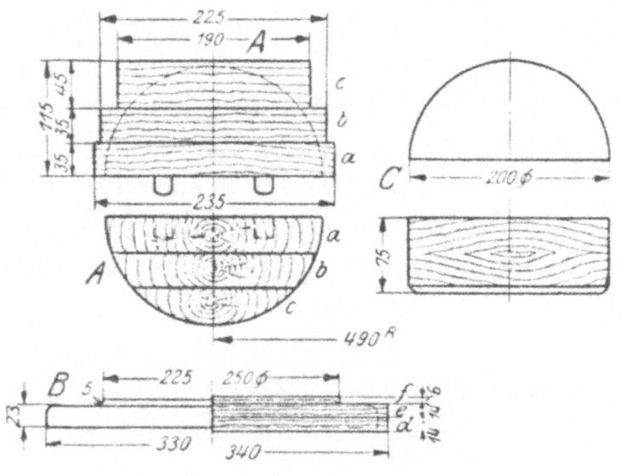

Abb. 129. Krümmer 200 mm l. W., Werkstattzeichnung.

Abb. 131. Modellaufbau.

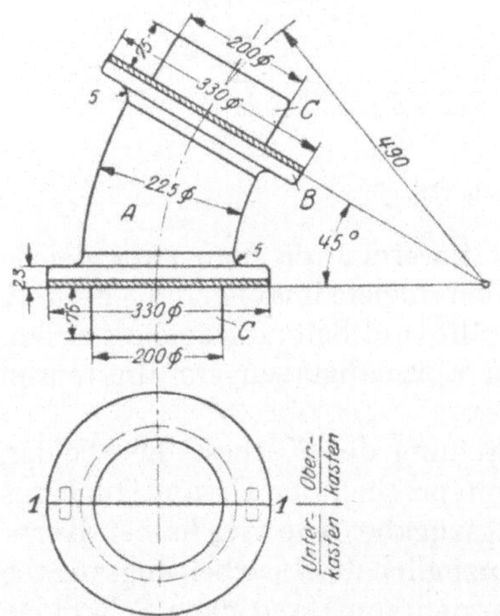

Abb. 130. Modellaufriß zu Abb. 129.

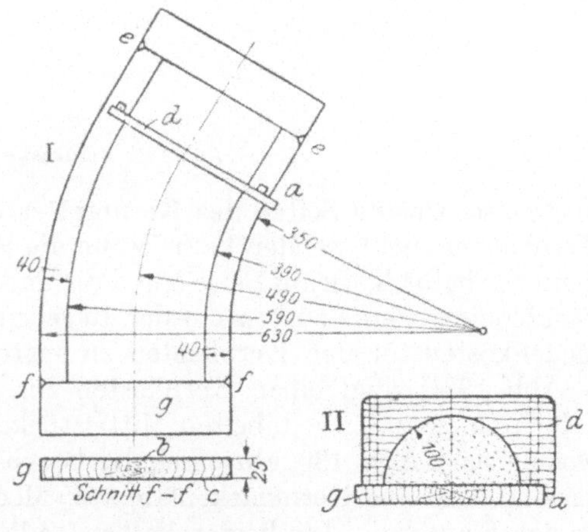

Abb. 132. Ziehen der beiden Kernhälften.

und Fügen verloren geht, wieder aufleimte. Um nun nicht auf jeder Hälfte aufleimen zu müssen, verfährt man wie in Abb. 77: man schneidet jede Scheibe
wieder so weit neben den Mittelriß durch, daß eine Hälfte nach dem Verputzen
noch genau bis zur Mitte geht. Auf die anderen Hälften muß man dann so viel
aufleimen, daß das Scheibenmittel wiedergewonnen wird.

C: 4/2 Kernmarken. Man leimt zwei Scheiben von 210 mm ⌀ und 80 mm
Dicke mit Papierfuge zusammen, dreht sie nach eingeschriebenen Maßen und
sprengt nach dem Drehen die Papierfugen, so daß man 4/2 Kernmarken
erhält.

Die erste der beiden Modellhälften wird auf einer geraden Platte zusammengesetzt, indem man die beiden halben Flanschen *B* beiderseits des halben Mittelstückes *A* anleimt und verschraubt und auf gleiche Weise die halben Kernmarken an die halben Flanschen setzt. Die so verleimte Modellhälfte wird herumgelegt und auf ihr die andere Hälfte verleimt. Die Ausarbeitung der halben Mittelstücke *A* geschieht von Hand und nach Schablone, und zwar vor dem Verleimen bzw. Zusammensetzen der beiden Modellhälften.

Zum Herstellen des Kernes bieten sich zwei Möglichkeiten: entweder man zieht zwei halbe Kerne mit Schablone oder aber man fertigt einen Kernkasten an.

Abb. 132/I zeigt Kernbrett *g* und Zugschablone *d* zum Ziehen des Kernes. *d* hat Führung durch Falz an der Kante *a* von Brett *g*. *g* hat innen einen 40 mm kleineren, außen einen 40 mm größeren Radius als der Kern. Abb. 132/II zeigt einen halben aufgezogenen Kern im Schnitt. Die beiden so hergestellten Kernhälften werden aufeinander geschwärzt und bilden den ganzen Kern. Bei einem gleichschenkligen Krümmermodell kann man beide Hälften auf einer Seite ziehen, also auf Seite *b* oder *e*, anders bei einem ungleichschenkligen Krümmermodell:

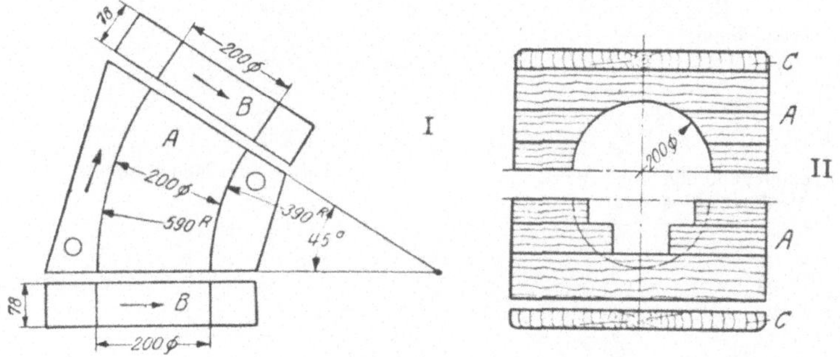

Abb. 133. Kernkasten zu Abb. 130.

hier müssen beide Seiten des Kernbrettes benutzt werden, da man zwei gleiche Kernhälften nicht wenden kann, wenn die Schenkel ungleichmäßig sind. Es muß dann der halbe Kern auf Seite *b* und die andere Hälfte auf Seite *c* gezogen werden. Schabloniert werden Kerne in der Regel nur bei Einzelabgüssen, um die teuren Modellkosten für den Kernkasten zu sparen.

Abb. 133/I zeigt einen Kernkasten zur Herstellung des Kernes. Die beiden halben aufeinander gedübelten Mittelstücke *A* entsprechen der Gesamtlänge des Modells nach Abb. 130, abzüglich der Bearbeitungszugabe. Die vier halben Kernkastenteile *B* sind Kernmarkenlänge am Modell zuzüglich der Bearbeitungszugabe an den Flanschen. Die beiden halben Teile *A* werden von Hand nach Schablone ausgearbeitet, je zwei Teile von *B* mit Papier verleimt und auf der Drehbank ausgedreht.

Abb. 133/II zeigt den sparsamen Aufbau der beiden Kernkastenmittelstücke *A*. Die beiden Bretter *C* dienen zur Verbindung der Teile *A* und *B*.

65. Sohlplatte (Abb. 134—137). Es genügt ein halber Modellaufriß, da das Modell symmetrisch ist. Es setzt sich zusammen aus der Platte *a* und dem Rahmen *b*, bestehend aus zwei Lang- und zwei Querleisten. *b* wird auf *a* aufgeleimt, und dann werden von den vier Seiten die 3 mm Schräge abgehobelt. Für den weiteren Aufbau ist es unbedingt erforderlich, die beiden Mittellinien $M—M$ und $M_1—M_1$ (Abb. 134) zu übertragen. Rahmen *c*, bestehend aus je zwei Lang- und Querleisten (Abb. 135), wird genau auf Lang- und Quermitte auf

Platte *a* aufgeleimt, und außen um den Rahmen herum wird eine kleine Lederhohlkehle von 5 mm gezogen. *d* und *e* Keilleisten. Leiste *e* bleibt wegen des

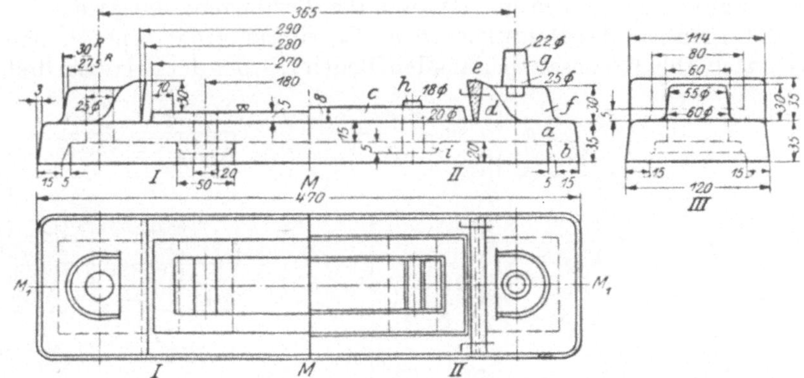

Abb. 134. Sohlplatte. I und III Werkstattzeichnung; II Modellaufriß.

Formens lose. Für die zwei Schraubennocken *f* benötigt man ein Stück Holz von
150 mm Länge, 60 mm Breite und 30 mm Höhe. Vom Nockenmittel aus wird
die Kurve 1—1 (Abb. 135), die der äußeren Form der Keilleiste *d* entspricht,

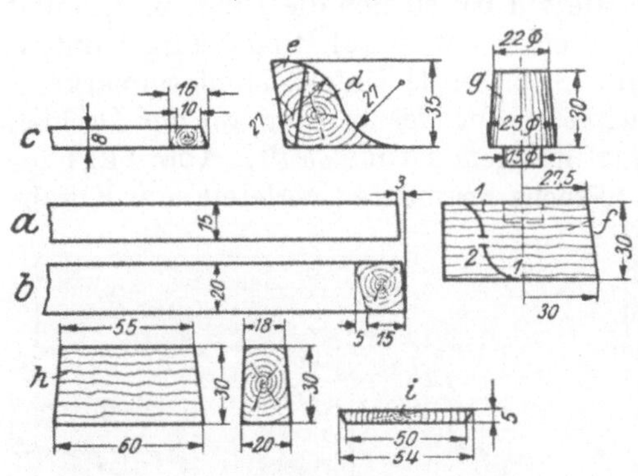

Abb. 135. Einzelteile zu Abb. 134/II.

angezeichnet und von beiden
Seiten etwas der Kurve nach eingeschnitten, der überspringende
Teil *2* dient dann zum Einspannen
beim Ausarbeiten des Nockens und
wird erst nach dessen Fertigstellung
entfernt. *g* zwei Kernmarken. Der
angedrehte Zapfen dient zur Befestigung der Kernmarke an dem
Nocken *f*. *h* zwei Kernmarken zum
Einlegen der Schlitzkerne. *i* zwei
Verstärkungsplatten, eingepaßt in
den Rahmen *b* nach Modellaufriß.

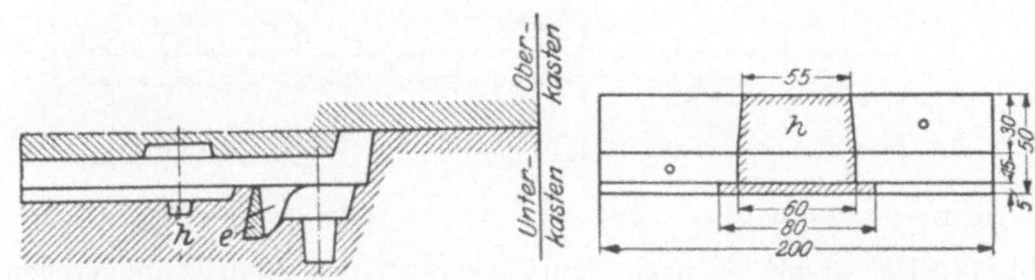

Abb. 136. Modell eingeformt.   Abb. 137. Kernkasten zum Kern *h*.

Abb. 136 Modell eingeformt. Leiste *e* bleibt beim Ausheben des Modells sitzen
und wird nachträglich ausgehoben. Kernmarke *h* dient als Führung von Kern *h*
(Abb. 134/II).

66. Abschlußring (Abb. 138—141). Das Modell setzt sich zusammen aus dem
Hauptkörper *a*, dem lose am Modell angesteckten Ring *b* und der Kernmarke *c*.
Das Modell ist nur auf einer Seite mit Kernmarke versehen, der Kern wird also

im Oberkasten nicht geführt, wir haben einen „glatten" Oberkasten. Da der
Modellteil *a* nach dem Oberkasten zu im Durchmesser 2 mm größer gehalten
ist und der Radius von 42 mm eingehalten werden muß, wird das Radienmittel
um 1 mm weiter nach außen gesetzt, was der Verjüngung entspricht.

Abb. 139/I Aufbau des Hauptkörpers *a*. Er wird als Hohlkörper verleimt und
setzt sich nach Abb. 139 zusammen aus dem Boden *1*, in den der Falz eingedreht wird

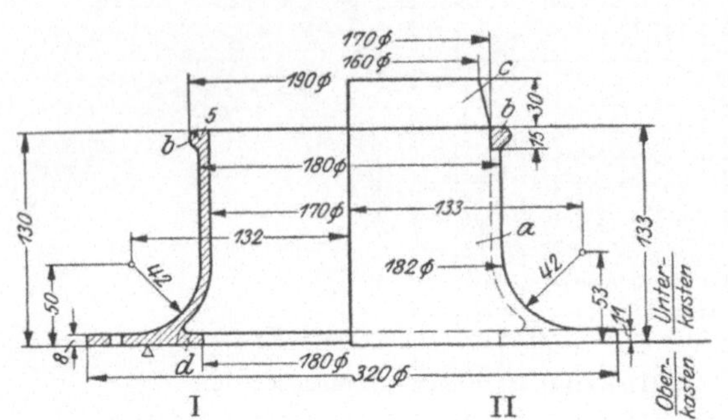

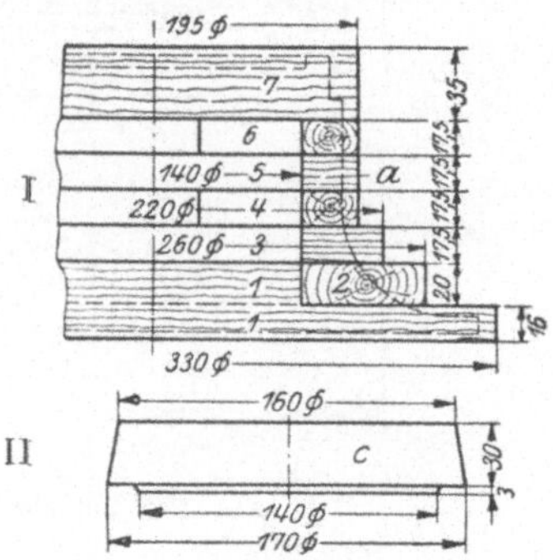

Abb. 138. Abschlußring. Linke Hälfte: Schnitt durch das Gußstück.   Abb. 139. Verleimung des Hauptkörpers
Rechte Hälfte: Modellaufriß.   Abb. 138/II und Kernmarke.

für den Ring *2*, der eingeleimt wird. Hierauf bauen sich die Ringe *3*, *4*, *5* und *6*
nach den eingeschriebenen Maßen auf. Deckel *7* wird auf Ring *6* aufgeleimt, wodurch der Hohlkörper geschlossen wird. Abb. 139/II Unterkastenkernmarke, gut
verjüngt gehalten, mit Ansatz. Sie wird bei der Bearbeitung auf der Drehbank
in Körper *a* eingefalzt, so daß sie mit ihm genau rund läuft. Abb. 140/I loser
Ring *b*. Er wird aus drei Ringen zu je sechs Segmenten verleimt, um Kurzholz
bei diesem schwachen Ring zu vermei-
den. Er bekommt einen inneren Durchmesser gleich dem Falzmaß am Teil *a*.
Er muß in einzelne Teile geschnitten

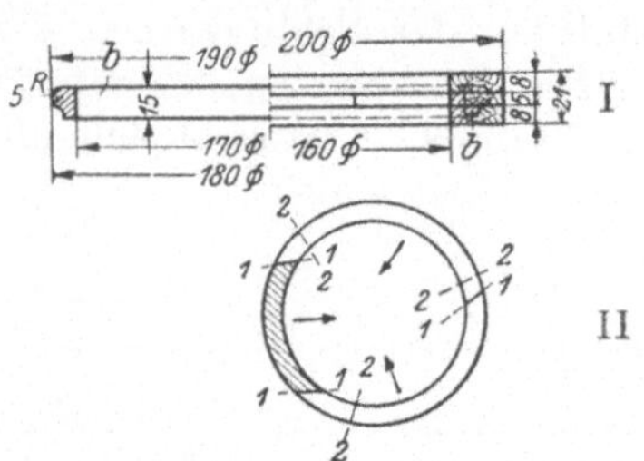

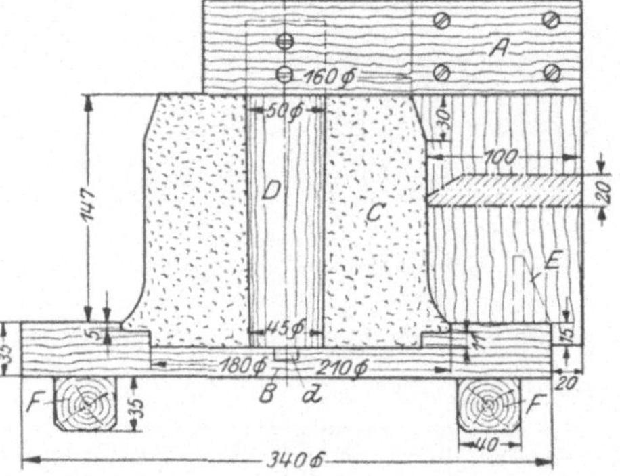

Abb. 140. Loser Modellring.   Abb. 141. Herstellung des Kerns.

werden (Abb. 140/II), damit er nach dem Ausheben des Modells eingezogen
werden kann. Man schneidet ihn besser nach *1—1* statt nach *2—2*, das Einziehen
geschieht in der Pfeilrichtung.

Abb. 141 zeigt den mit Schablone aufgedrehten Kern. Einen Kern dreht man
nur dann auf, wenn es sich nicht um Massenartikel handelt, also bei Einzelabgüssen. Man hat es dann mit einer Kerneinrichtung der Modellgüteklasse III zu
tun.

Die Kernschablone besteht aus dem Kernbrett *A* mit angeschraubtem Zapfen
D und Winkel *E*, sowie aus dem Boden *B* mit Leisten *F*.

Kernbrett *A* besteht aus zwei übereinander geplatteten Brettern, Dorn *D* ist nach unten um 5 mm verjüngt und führt sich mit einem kleinen Zapfen *d* in der Platte *B*. Der punktierte Winkel *E* soll sorgen, daß beim Umziehen die Schablone stets winklig zur Platte *B* steht, Kern *C* wird aus Lehm hergestellt, da ein Sandkern sich schlecht aufdrehen läßt. Käme dieser Abschlußring als Massenartikel in Frage, so wäre zu empfehlen, ein eisernes Modell ohne Kern herzustellen und den Metallring (Abb.140) ebenfalls anzustecken, ferner müßte auch der innere Vorsprung *d* als loser Ring behandelt werden wie bei Abb. 138/I punktiert. Als Naturmodell wird das Modell entgegengesetzt geformt, der innere Ballen bleibt im Unterkasten sitzen, der Oberkasten nimmt den losen Ring *b* mit, beide Ringe *b* und *d* werden seitlich abgezogen.